한류 관광

저자 소개

하야시 요코(林 陽子, HAYASHI YOKO)

일본 난잔(南山)대학 스페인어과 졸업
충남대학교 대학원 문학석사
한국외국어대학교 대학원 비교문학 박사 수료
한국학중앙연구원 한국학대학원 문학박사 졸업
현재 인덕대학교 관광서비스경영학과 교수

번역서
『つつじの花』, 書肆青樹社(2011年3月)
『千年の眠り』, 港の人(2021年11月)

한류 관광

초판 1쇄 인쇄 2024년 4월 12일
초판 1쇄 발행 2024년 4월 25일

지 은 이 하야시 요코
펴 낸 이 이대현

책임편집 이태곤
편집 권분옥 임애정 강윤경
디자인 안혜진 최선주 이경진
기획/마케팅 박태훈 한주영
펴낸곳 도서출판 역락
주소 서울시 서초구 동광로46길 6-6 문창빌딩 2층(우06589)
전화 02-3409-2055(대표), 2058(영업), 2060(편집) FAX 02-3409-2059
이메일 youkrack@hanmail.net
홈페이지 www.youkrackbooks.com
등록 1999년 4월 19일 제303-2002-000014호

ISBN 979-11-6742-634-5 94980
ISBN 979-11-6742-631-4 94080(세트)

KOREAN WAVE HALLYU

한류총서

한류 관광

-키워드 '일본'을 통해 본-

하야시 요코

역락

머리말

지금으로부터 약 3~4년 정도 전인 것 같다. 전공 분야가 같아서 우연한 기회를 통해 알게 되어 친구처럼 지내는 허혜정 교수님이 '한류 시리즈를 구상 중인데, 관광 분야를 맡아 써주지 않겠냐'며 제안을 해주었다. 필자는 한일비교문학 그 중에서도 근대시를 중심으로 다루고 있는 연구자로 지내면서, 직업으로는 오랫 동안 대학에서 일본어나 일본문화를 가르쳐 왔다. 그런데 제직 중인 대부분의 시기를 관광통역학과나 관광레저경영학과 등 관광을 전공으로 하는 학과에 소속되면서 가르치다 보니, 자연스럽게 관광을 테마로 가르치게 되어 허 교수님 제안을 기쁜 마음으로 받아들였다.

간단하게 필자 소개를 하자면 저는 일본 나고야가 고향이고 대학을 졸업할 때까지 죽 나고야에서 살았다. 중학교 시절 학교에 호주에서 온 '스잔'이라는 교환 학생이 있었다. 저는 학교의 유일한 유학생인 스잔에게 다가가 펜팔친구 되어주기를 부탁하면서, 토요일이나 일요일이 되면 학교 외에서 만나는 약속을 하고 함께 지내기도 했다. 중학교 들어가서 처음으로 외국어인 영어를 배울 때는 정말 설레고 재미있었다. 낯선 문화와의 접촉을 좋아하고 지구 상의 많은 문화와 다양한 사람들과 만나는 꿈을 꾸었다.

대학은 세계에서 가장 많은 나라에서 사용되는 스페인어를 배울 계획을 세워 소원대로 스페인어과로 진학하여 아르헨티나 칠레 같은 지구 반대편 나라에 유학을 하려고 했지만, 당시에는 그 지역에서 내전이 자주 일어나 치안이 안 좋아 현실적으로 안정적인 대학 생활을 보낼 수가 없어서 그 꿈은 접어야 했다. 그렇게 먼 곳을 바라보고 있었는데, 대학 시절 알게 된 한국인 친구와 시간을 보내면서, 생김새가 거의 같은 사람인데 대화를 나누어 보니 정말 정반대의 사고를 가지고 있는 부분이 너무나 신기했고, 작은 충격을 받으면서 제 시선이 한국이라는 바로 이웃나라로 집중하게 되었다.

지금은 제 인생의 절반은 일본, 절반은 한국에서 지내고 있다. 한국이라는 나라는 일본과 상당히 달랐고 한국인은 일본인과 역시 많은 부분에서 달랐다. 요즘에는 은퇴 후 어느 나라에 가서 살고 싶냐는 질문을 가끔 받는데 아직 못가본 나라도 많고 해서 세계 곳곳을 다니며 지내고 싶은 마음이 크지만, 한국이냐 일본이냐 라고 물어본다면 '한국에 있고 싶다'고 대답한다. '다이나믹 코리아'의 이름만큼 역동적이고 정이 많은 사람들이 사는 한국이 매력이 있기 때문이다.

이 책을 쓰면서 한류 관광에 대해 일본인의 시각으로 쓰는 일이 필자가 할 수 있는 최선이라 생각하여 '일본인의 눈'을 통해 한국사람들과 조금 다른 시선으로 집필하기로 마음을 먹었다. 사실 정치적이거나 사상적인, 어떤 의도가 숨어 있는 주장은 한일관계 발전을 방해하고, 이와 관련된 사람들의 마음에 상처를 주는 경우가 많다. 그래서 이 책에서는 어떤 사고의 흐름을 따라 집필하기 보다는 가능한 실제 현상이나 사례 묘사를 중심으로 하였고, 대학 강단에서 학생들을 가르치며 경험한 내용이나 개인적인 경험담을 섞어 독자들이 함께 생각의 폭을 넓힐 수 있는 기초 교재와 같은 책이 되기를 바랐다.

마지막으로 이 책을 출간하기 위해 도와주신 공동기획자인 허혜정 교수님, 오형엽교수님과 이태곤 편집이사님을 비롯하여 관계자 여러분께 감사를 드린다.

차례

제3부

한류 관광의 다양화와 가능성

한류 관광과 일본

1장
1차 한류 붐과 관광

1998년 김대중 정권 시절 10월 한일정상회담에서 과거의 역사를 극복하고 미래지향적인 한일관계 구축을 위해 〈한일파트너십〉을 선언하였다. 이에 한국과 일본의 교류가 촉진되어 그 당시까지 한국에서 규제되어 있던 일본 대중문화를 단계적으로 개방하기로 했다.

일본 영화, 음악, 만화, 애니메이션 등 일본의 대중문화가 1998년부터 2004년에 걸쳐 4단계로 해금이 되어 한국에서는 '일류(日流)' 붐이 일어났다. 한편 김대중 정권에서 영화, 드라마, 음악 등의 문화산업 육성, 수출 등을 추진하는 문화산업 진흥 전략에 따라 일본에서도 한국의 대중문화가 유입되었고, 양국 간의 왕래가 활발해짐에 따라 자연스럽게 '한류(韓流)' 붐이 시작되었다.

한국과 일본은 2002년 축구 월드컵을 공동으로 개최하였고, 2002년을 〈한일 국민 교류의 해〉로 정하여 다양한 분야에서의 문화사업을 함께 기획하고 진행하였다. 더불어 '일류', '한류' 붐과 같은 국민 차원에서의 쌍방향 문화교류가 일어났고 이는 나아가 한일 관광 교류가 급속하게 확대되는 계기가 되었다.

일본은 세계대전과 미소냉전을 지나며 이념적 시각보다는 문화적 감성을 가진 신세대가 등장하게 되었고 이러한 세대적 감각을 반영한 것이 드라마 〈질투〉의 인기이다. 한국 드라마 〈질투〉와 〈느낌〉이 일본에 수출된 배경에는 일본의 버블붕괴가 있다. 일본의 버블붕괴로 인한 경제적 악화는 일본 내 콘텐츠 투자를 축소하였고, 한국 콘텐츠를 수급하며 1차 한류 붐에 계기가 된 한국 드라마가 들어오게 되었다. 이러한 역사적, 경제적 배경이 맞물려 일본에서의 한류붐이 발생하였다.

일본에서 방영된 〈겨울연가〉

하지만 한국 국민 대부분이 인지하는 일본의 '한류'는 2003년 4월부터 9월까지 NHK BS2 해외 드라마 부문에서 〈겨울 연가〉가 방송되는 시점이 시작이라고 할 수 있다. 이 한류 붐은 주연 남배우인 배용준의 애칭을 따서 '욘사마 붐'으로 잘 알려져 있다. 〈겨울 연가〉에서 주연인 최지우(정유진 역)와 배용준(이민형 역)이 그린 첫사랑의 애틋하고 순수한 감정이 일본의 중년 여성 감수성을 자극하고야 말았다. 겨울 연가는 일본뿐만 아니라 아시아 전역의 시청자들의 마음을 강타하며 소위 '한국형 로맨스'의 원형이 되었다. 지금의 한류가 있기까지의 그 초입에는 일본의 중년 여성들이 있었다. 그들은 〈겨울 연가〉에 열중하면서 한류의 견인 역할을 했다.

〈겨울 연가〉로 인한 한류 붐은 일본 한류의 특수성을 여실히 보여주는 현상이다. 〈겨울 연가〉가 그리는 세계는 일본에서 잊혀져 가고 있던 맑고 순수한 사랑의 가치였다. 즉, 보는 이로 하여금 '노스텔지어'의 감성을 불러일으킨 것이다. 과거의 아름다운 추억을 그립게 떠올려 팬들이 열광했다. 특히 주요 팬층인 중, 노년층 여성들은 이런 노스텔지어의 감성에 깊이 공감하였다. 그리고 배용준, 최지우, 박용하 등 등장한 배우들의 수려한 외모뿐만 아니라 그들의 예의 바르고 친절하고 친근한 면모도 인기를 얻은 큰 요인 중의 하나였다.

〈겨울 연가〉가 처음부터 폭발적 인기를 얻은 것은 아니었다. 2004년에 일본 채널에서 여러 번 재방송해 서서히 인기를 끌었고 '한류'라는 단어도 드라마의 방영 횟수와 시청률과 더불어 서서히 보급되었다. 〈겨울 연가〉는 최고 시청률이 38%를 기록할 정도로 인기가 대단했는데, 이는 일본의 일반적 드라마의 시청률이 약 4%인데 비하면 엄청난 기록이었다. 당시 텔레비전에서는 욘사마 특집 같은 방송을 자주 기획하여 방영하였고 욘사마의 헤어 스타일이라든지 머플러 두르는 스타일 등 그의 패션을 따라 하는 일본인들이 많았다. 〈겨울 연가〉와 배우들에 관한 관심은 자연스럽게 한국 관광으로 이어졌다.

韓流の始まり韓国ドラマ『冬のソナタ』の感動が新たに蘇る。ドラマ人気がおさまった今でも「冬ソナ」ロケ地ツアーは南怡島大人気！！南怡島から春川まで、またランチには春川の名物である鶏カルビが味わえる。このツアーはジュンサンとユジンの思い出をたどりながら、それぞれのスポットをめぐるツアーです。
南怡島(ナミソム)は、ドラマ「冬のソナタ」の撮影地として海外からの観光客にも一躍有名なスポットとなりました。ホテルやバンガローなどの宿泊施設やその美しい自然と調和したカフェ・売店などの施設と共に四季の自然美が際だつところから観光客が途絶えることがありません。特にメタセコイアの並木道は、それだけでも幻想的でとてもロマンチックな場所です。また、チュンサンとユジンがはじめてキスをした雪だるまのベンチもそのまま残っていて、記念撮影のスポットとして人気です。
冬のソナタロケ地のみならず各種広告写真やドラマ・コマーシャルの撮影場所として人気のある場所ですから、この南怡島でドラマの甘い思い出と共に自然のロマンを充分に味わってみてください。春川明洞(ミョンドン)の街は、ソウルにある明洞と名前はもちろん街の雰囲気まで似ています。春川明洞の通りがソウルの明洞ほどには派手ではありませんが、こぢんまりとしていて近くに在来市場もあるので、ドラマで表現しようとしていた地方都市の風情・生活感といったもう一つの韓国の側面を感じることのできるスポットです。冬ソナファンにとっては、コースを巡りながらドラマのシーンを思い出して、写真を撮っていただけます。
ドラマの設定では春川にあるはずの中央高校やユジンの家、ミンヒョンの会社マールシアン、ユジンとジンスックのマンションまでソウルのロケ地を巡るツアーです。

〈겨울연가〉 촬영지를 순회하는 투어 프로그램 개요. 핀들에게는 순회가 아니라 순례이다.
(출처: http://www.gotour.jp/kor/tour/detail.html?search_category=009060101&pcode=1002100078)

〈겨울 연가〉의 인기의 편승하기 위해 여행사에서도 발 빠르게 다양한 종류의 촬영지 관련한 관광 상품을 마련하였다. 위 자료는 어느 여행사의 설명 자료를 가져온 것이다. 위 자료에서는 남이섬, 춘천 등 주인공인 준상과 유진의 추억을 따라가는 코스를 소개한다. 남이섬에는 준상과 유진이 첫 키스를 한 눈사람 벤치를 그대로 남겨 놓아 그 벤치에서 사진을 찍기 위한 일본 관광객들의 행렬이 멈추지 않았다.

〈겨울연가〉에 나온 메타세쿼이아 길

남이섬에서의 〈겨울 연가〉 순례는 메타세쿼이아 길, 첫 키스 벤치, 자전거를 탄 가로수길, 춘천 명동거리, 준상과 유진이 붕어빵을 먹으면서 걸은 산책로, 준상이 교통사고를 당한 장소, 강원 드라마갤러리, 춘천 중앙시장 거리, 유진 어머니의 떡볶이집, 춘천고등학교, 유진이 달린 길, 준상 집, 공지천의 하얀 담길, 중도 등으로 〈겨울 연가〉 드라마 팬들의 구미에 맞게 잘 구성되어있다.

일본에서 방영된 〈대장금〉

2005년부터 NHK 종합에서 방송된 한국의 사극 〈대장금〉의 인기로 그때까지 중년 여성이 중심이었던 한국 드라마 시청자층이 일본의 50대 남성으로까지 번졌다. 개인적인 이야기지만 몇 년 전에 서울을 찾아온 나의 이모와 사촌(나고야 거주)이 하는 이야기로 〈대장금〉의 인기를 실감한 기억이 난다. 그들의 집에는 〈대장금〉 DVD가 있었는데 반복해서 보니까 그 DVD가 닳아서 같은 DVD를 재구매했다고 한다. 그 DVD를 보면서 드라마에 나오는 음식을 따라 만들어서 먹거나 한다는 것이었다. 그 음식들은 한국인일지라고 쉽게 접하지 못하는 손이 많이 가는 궁중음식인데도 말이다. 마침 필자가 재직 중인 대학의 방송연예과 교수님이 바로 〈대장금〉에서 한 상궁 역을 맡은 양미경 배우인데 〈대장금〉을 너무나 좋아하는 가족이 와서 사진 한 장 부탁드려도 되겠느냐고 조심스럽게 물어봤더니 너무도 흔쾌히 허락해주었다. 나의 이모와 사촌과 함께 사진을 찍어주셨는데 그것이 그들에게 가장 소중한 선물이 되었다.

아래 사진은 2015년에 일반인에게 공개를 개시한 용인에 있는 '대장금 파크'이다. 한국 최대 규모의 한류 사극 제작단지로 대장금, 주몽, 선덕여왕, 동이, 이산, 해를 품은 달, 구가의 서, 기황후, 화정 등을 촬영한 세트장이다.

용인 대장금 파크 제공 사진

사극은 물론 방탄소년단 SUGA 뮤직비디오 등에도 배경이 되었고 현재까지도 촬영지로 활용되고 있다. 250만 평이나 되는 광대한 부지에 신라 시대부터 조선 시대까지 건축물이 있고 당시 생활이나 풍습을 담도록 거리가 조성되어있다.

서울 시내 중심부에 있는 '한국의 집(코리아 하우스)'은 한국문화재 재단이 운영하는 레스토랑인데 전통문화를 종합적으로 체험할 수 있는 공간이 마련되어 있다.

한국의 집

한국의 집 체험활동 전통요리 만들기

프로그램 중 '대장금 요리체험' 코스가 있어 전통의상을 입고 위 사진과 같은 전통 요리를 만들어 볼 수 있다.

2004년 어느 설문조사에 의하면 당시 일본에서 가장 인기가 있었던 한국 드라마 1순위는 〈겨울 연가〉이지만 다음을 잇는 것이 〈아름다운 날들〉과 〈호텔리어〉이다.

〈아름다운 날들〉 촬영지 투어 광고

〈아름다운 날들〉은 이병헌, 최지우, 류시원 등이 나오는 사랑과 우정을 그린 내용의 드라마이다. 이 드라마 역시 인기를 입어 일본의 방송사인 NHK에서 방영이 되었다. 〈아름다운 날들〉을 모티브로 한 투어에서는 점심을 이병헌 자택의 이웃 식당에서 하는 것으로 되어 있다.

〈아름다운 날들〉의 출연진

주된 촬영지로는 연수와 세나가 다시 만나기로 약속했던 장소인 남산 서울타워 팔각정, 민철이 연수에게 프로포즈를 한 명동성당, 연수와 민철이 결혼식을 올린 남산 식물원 주차장 등이 있다.

〈호텔리어〉의 무대인 워커힐 호텔

〈호텔리어〉의 무대는 세라톤 그랜드 워커힐호텔이다. 이 드라마 또한 욘사마 즉 배용준이 출연한 드라마로 세라톤 그랜드 워커힐은 〈호텔리어〉의 인기를 등에 업어 아예 '호텔리어 드라마 투어 코스'를 마련하기도 했다. 엔고 현상이라는 일본의 경제적 상황과 한류가 맞물려 많은 일본인들이 한국을 방문하였다. 한류의 대표주자인 '욘사마' 배용준의 인기도 나날이 높아졌고 그가 출연한 다른 드라마 〈태왕사신기〉의 촬영 세트장 중 하나인 '대장간 마을'이 관광객들의 요구에 의해 호텔 인근에 들어서기도 했다.

워커힐 호텔 외견

워커힐 호텔 내부

2000년대에 한국을 방문한 일본인의 수는 2003년 유행했던 질병인 사스(SARS)의 영향으로 일시적으로 감소했지만, 2003년부터 2004년에 걸쳐 NHK에서 한국 드라마 〈겨울 연가〉가 방영되어 인기를 얻으면서 '한류 붐' 열풍이 불었다. [일본경제신문]이 '한류'를 2004년 히트 상품 1위로 평가를 했는데, 문화 발신국으로 발돋움한 한국의 위상을 알린 것으로 평가된다.

고령층 여성들의 중심이었던 한류 팬들이 〈대장금〉 방영을 계기로 남성들과 중장년층 그리고 청년층까지 확대되었다. 대장금으로 인해 관광 상품도 현대 한국뿐만 아니라 사극의 무대인

조선 시대를 비롯한 옛 시대를 포함한 투어를 기획하게 되었다. 한국 드라마 촬영지를 순회하는 투어에는 일본인 여행자가 다수 찾아왔고 2004년부터 2008년에 걸쳐 한국을 방문한 일본인의 수는 대략 연간 200~250만 명이고 2009년에는 300만 명을 돌파했다. 2008년에 한국을 방문한 일본인을 성별로 보면 남성이 49.8%, 여성이 50.2%로 남녀 비율이 거의 같았다. 2000년대 후반의 양국 간 교류 인구는 약 500만 명 수준으로 이르렀다.

드라마 〈올인〉은 실제 인물을 모델로 한 소설이 원작이다. 이병헌이 주인공 인아 역을 맡았다. 이 소설에는 주인공이 어릴 때부터 도박을 가까이하여 제주도 카지노에서 분투하는 모습이 그려져 있다. 그래서 촬영의 중심도 제주도가 되었다.

제주 롯데호텔 화산분수쇼

제주도 남부 중문관광단지에 이 드라마의 무대가 된 호텔이 집중되어 있다. 그중 제주 롯데호텔은 드라마 속에서는 중문 호텔로 불린다. 가운데 마당에는 네덜란드식 풍차가 있고 송혜교가 연기하는 여자 주인공 수연이 드라마 속에서 기획한 '화산 분수 쇼'는 실제로 이 호텔 마당에서 매일 밤 8시 반부터 이루어지고 있다.

그리고 신라호텔은 영화 〈쉬리〉의 마지막 신에서 한석규와 김유진이 바다를 향해 앉아 대화를 나눈 장면이 촬영된 곳으로 유명한데, 〈올인〉에서는 한라호텔이라는 이름으로 등장하고 이 벤치 외에도 야외 인터넷 서비스 시연을 하는 장소로 등장한다. 주인공과 대립하는 그룹의 본거지로 되어 있는 호텔이 하얏트 리젠시 제주이다. 드라마에서는 씨월드 호텔로 되어 있다.

드라마 〈올인〉으로 인해 서울뿐 아니라 제주도 역시 일본에서 주요 관광지로 주목을 받았다.

또 한류의 주역으로는 〈천국의 계단〉을 빼놓고는 이야기하기 힘들다.

〈천국의 계단〉의 두 주인공

〈천국의 계단〉의 두 주인공은 2003년 방영된 최지우, 권상우 주연의 로맨스 드라마이다. 이미 겨울 연가의 여파로 일본에서 지우히메로 통하던 최지우가 출연한 드라마이기 때문에 일본에서의 흥행은 정해진 것과 마찬가지였다. 〈천국의 계단〉의 주 배경이었던 롯데월드와 주인공 차송주(권상우 분)가 한정서(최지우 분)를 생각하며 부메랑을 던지며 '사랑은 돌아오는 거야'라고 외쳤던 명장면을 촬영한 롯데월드 아이스링크장은 이후 일본에서도 유명 관광지가 되어 한국 방문 시에 꼭 들르는 필수 코스가 되었다.

2장
2차 한류 붐과 관광

일본의 제2차 한류 붐은 드라마에서 대중가요로 관심이 자연스럽게 넘어오며 시작되었다. 김연자와 조용필 같은 한국의 유명 가수들이 80년대부터 일본시장에서 인기를 얻으며 방송과 콘서트를 섭렵하며 한국 가요에 명성을 쌓았다. 한국보다 일본 음반 시장이 훨씬 활발하고 국제사회에 영향력이 컸던 탓에 윤하처럼 일본시장에서 데뷔를 하거나 일본 타켓 음반을 따로 발매하여 활동을 하던 보아와 같은 한국 가수들도 있었다.

〈미남이시네요〉의 대표 컷

이렇게 다져진 한국 가요와 가수들에 대한 인지도는 2010년에 방영된 〈미남이시네요〉의 주인공이었던 장근석이 주목을 받으면서 본격적으로 2차 한류 붐으로 이어졌다. 장근석은 배용준 이상으로 인기가 높았고 도심 전광판에 장근석이 얼굴이 뜨는 것이 도쿄의 일상 풍경이었다. 그는 일본 팬들을 우나기(장어), 영어권은 'eels'라고 불렀는데 그가 장어를 좋아해서 그의 팬 역시 그에게 장어처럼 파워를 준다는 의미로 붙인 이름이다.

일본 서울막걸리 모델로 활동한 장근석

장근석은 2011년에는 산토리에서 발매 개시되는 '서울 막걸리'의 모델로 발탁되었다. 그는 산토리 공식 홈페이지에 '서울 막걸리를 맛있게 마시는 방법'을 전수하는 1분 30초 남짓의 동영상 속에서 완벽한 일본어를 구사하여 눈길을 끌었다. 장근석의 이 광고는 일본 전 지역에서 송출되었고 그 직후 포털 사이트나 유튜브, 트위터 등에서 폭발적 반응을 얻었다.

2018년 평창 올림픽 광고

2018년 2월에 개최된 평창 올림픽과 패럴림픽에서 홍보대사를 맡은 장근석. 일본 팬들은 그의 아버지 고향인 강원도를 열심히 홍보하는 그를 응원하기 위하여 평창 올림픽에도 뜨거운 관심을 기울였다. 2012년에 방영된 후지TV계열 〈HEY!HEY!HEY!〉에 출연 당시, 그가 초등학교 4학년까지 다닌 단양군 대가초등학교가 배경으로 촬영되어 그 이후 팬들이 찾아가는 명소가 되었다.

팬들의 블로그 글 등을 보면 장근석이 나오는 드라마 촬영지는 물론 잡지 등에 기재된 기사를 읽고 그가 다니던 미용실이나 평소 찾아가는 가게를 방문하여 장근석이 구매한 물건이나 그가 앉았던 좌석을 점원에게 물어보고 무얼 시켰는지 등 대화를 시도했다는 팬들이 많다. 그만큼 장근석의 '우나기'(일본 팬들을 부르는 애칭)들은 장근석과 더불어 장근석이 자란 한국이라는 나라 전반에도 엄청난 애정을 가졌다.

장근석 개인사무실이 있는 건물

'PLENO'는 강남구청 근처에 있는 장근석 개인사무소 안에 있는 카페다. 이곳 역시 장근석의 일본 팬들이 찾아오는 명소 중 하나이다.

한류 2차 붐은 드라마의 인기도 대단하지만 K-POP의 인기가 주류를 이룬다. 카라, 소녀시대, 동방신기, 빅뱅 등이 인기가 높았다. 중장년층 여성 팬이 제1차 한류붐의 중심이었다면, 2차 붐은 젊은 여성을 중심으로 시작하여 성별과 연령을 불문하고 팬덤을 넓혀갔다.

2010년경에는 5인조 여성 아이돌 그룹 KARA와 9인조 여성 아이돌 그룹 소녀시대를 응원하는 젊은 여성들을 기반으로 한 K-POP 팬 중심의 제2차 한류 붐이 일본에서 일어났다.

5인조 여성 아이돌 그룹 KARA

9인조 여성 아이돌 그룹 소녀시대

당시 KARA와 소녀시대는 한국에서 히트한 곡의 가사를 일본어로 개사하여 노래했는데, 그들의 성공을 계기로 다른 한국 여성 아이돌 그룹이나 남성 아이돌 그룹도 잇따라 일본에서 데뷔를 하게 되었다. 2012년에는 음악 수출만으로 18,951만 달러 매상을 올려 2010년에 비해 약 6배나 뛰었다. (아사히 신문 광고국 웹사이트 2013년 김영덕 씨 인터뷰)

일본의 국민프로그램 〈홍백노래대전〉에 나온 동방신기

동방신기는 2005년에 일본 데뷔를 했는데 처음에는 2008년, 2009년 홍백노래대전에 출연할 정도로 꾸준한 인기를 누렸다. 당시 시부야의 스크램블 교차로에 가면 벽에 그들의 포스터가 항상 붙어 있었을 정도였다.

2011년에는 홍백노래대전에서 한국 아이돌 그룹이 3팀이나 동시에 참가해서 굉장한 이슈가 되었다. 일본인들에게 홍백노래대전은 그 시대를 반영하는 스타들이 모이는 일 년의 한 번 방영되는 전통적이고 일본 국민 전체가 본다고 해도 과언이 아닌 프로그램이다. 그런 행사에 한국 아이돌 그룹이 3팀이나 참가한다는 소식에 당시 일본 언론도 이를 뜨겁게 다루었다. 아이돌 팬으로 인한 한류 붐으로 인해 당시 한국 아이돌 그룹 콘서트가 일본 곳곳에서 개최되고 있었다.

K-POP은 일본을 시작으로 동남아시아 각 나라에서 붐을 맞이하고 있었다. 동남아시아에서 한국문화 수용이 시작한 것은 1990년대로 주로 드라마로부터 K-POP으로 이행되는 케이스가 많다. 한류가 어느 정도 침투하고 있는지를 나타내는 지수가 '한류지수'이다.

분야	중국	일본	대만	베트남	태국
한류지수	97	98	103	102	102

'한류지수를 사용한 한류 현상 및 진단' 고정민, 한류포럼 2020

위 데이터를 보면 2009년 시점에서 상위 5개국이 그 지수의 높은 순으로 대만, 베트남, 태국, 일본, 중국으로 되어 있다.

일본에서의 한류 2차 붐의 특징은 그 기반 층이 고등학생이나 대학생을 포함한 젊은 여성이라는 점이다. 일본은 자체적으로 아이돌, 영화, 드라마, 애니메이션 등 콘텐츠 문화가 알찬 나라인데 어떻게 한국의 아이돌 문화가 한류 붐을 일으킬 정도로 일본에 잘 녹아든 걸까? 같은 시기 일본에는 AKB48라는 아이돌 그룹이 인기를 얻어 많은 팬을 보유했는데 그들의 매력은 '미숙함'이나 '귀여움'으로 팬의 대부분이 남성이었는데 비해 한류 아이돌의 경우 전혀 반대의 현상을 나타냈다. 즉 그들의 세일즈 포인트는 '성숙함'이나 '당참'으로 일본의 여성 청소년들의 동경의 대상이 된 것이다.

그러한 동경은 아이돌 그룹의 음반이나 관련 잡화의 구매를 넘어 해당 가수를 닮고 싶은 욕구로 이어져 일본의 젊은층을 한국으로 이끌었다. 따라서 아이돌로 인한 일본 방문객이 증가했고 이는 역시 한국에서의 아이돌 관련 관광산업의 발전으로 이어졌다. 엔고의 영향도 있었지만 2008년에서 2011년 사이에 한국을 여행하는 사람들이 배로 늘어났고, 그 58.6%가 여성이었다. 특히 20대 여성들이 차지하는 비율이 높았고 2011년에 20대 여성 해외 여행자 수의 28.7%가 한국을 방문했다. (JTB종합연구서 '여성의 한국여행의 실태' 2012년6월21일)

2011년 10월에는 K-POP 아이돌이 한국의 관광 홍보대사로 임명되었다. 한국 입국자 수로 가장 많은 비율을 차지하는 일본인들에게 어필하기 위해 건강한 몸매를 자랑해 '야수 아이돌'로 불리던 한국의 남자 아이돌 그룹인 2PM이 인터뷰를 통해 '한국에 오세요', '신당동 떡볶이를 먹으러 오세요' 등으로 한국 관광을 홍보했다.

'한국에 오세요'를 외치는 2PM

2010년대 한일 문화교류에 대해서 보면 2010년대 초에는 엔고(円高) 형상이었는데, K-POP으로 인해 2012년 한국을 방문한 일본인의 수는 352만 명으로 최고치로 달했다.

그러나 2012년 8월에 이명박 대통령이 한일외교관계에서 분쟁지역인 독도에 상륙하여 한일 정부나 외교 관계가 악화되었고 그해 말부터 엔의 가치 역시 떨어지면서 2013년 이후 한국을 방문하는 일본인의 수는 급격하게 감소하였다. 2015년의 한국 방문자 수는 184만 명이었다. 그 후 한국을 방문하는 일본인의 수는 2016년에는 230만 명, 2018년에는 295만 명으로 완만하게 회복하였다.

한편 일본을 방문한 한국인의 수는 2010년 244만 명에서 2011년에는 동일본대지진의 영향으로 166만 명으로 감소했다. 2012년에는 204만 명으로 회복세를 보였다. 이후 엔의 가치가 떨어지는 한편 한국의 화폐인 원의 가치가 올라가는 '원고'의 영향으로 인해 한국 LCC(저가항공)의 일본 각지로의 노선이 확대되고 일본을 방문하는 한국인은 2015년에는 400만 명에 달했다. 게다가 2016년에는 주한 미군의 고고도방위 미사일(THAAD)의 배치를 둘러싸고 한국과 중국의 관계가 악화되어 많은 한국인들이 여행지를 중국으로부터 일본으로 바꾸어 2016년에는 509만 명, 2017년에는 714만 명, 2018년에는 754만 명으로 확대되어 6년 동안에 3.7배가 증가했다.

2010년대 한일 관광 교류에서 일본을 방문하는 한국인 수가 2012년 이후 매년 급증한데 비해 한국을 방문한 일본인 수는 2012년에 최고치를 기록했다. 2013년에서 2015년에 걸쳐서는 한일 관계 악화로 인해 급감하여 2016년부터 완만하게 회복되었으나 2018년에는 일본을 방문한 한국인 수(754만 명)가 한국을 방문한 일본인 수(295만 명)의 두 배 이상 웃돌며 큰 변화가 있었다.

한류 2차 붐을 견인한 아이돌들

인천광역시 같은 경우는 이러한 K-POP붐에 발맞추어 2009년부터 인천 한류 콘서트를 열고 있다. 2011년부터는 인천 한류 관광 콘서트라는 이름으로 바꾸어 인천을 한류의 문화 중심 도시로서의 이미지를 구축했다.

인천광역시가 주최한 인천 한류 관광 콘서트

3장
3차 한류 붐과 관광

1998년 10월 8일 당시 김대중 대통령과 오부치 케이조 총리가 도쿄에서 '21세기 새로운 한일 파트너십 공동선언'을 하였다. 그로부터 20년이 지난 2018년 10월 9일 아베 신조 전 총리는 도쿄에서 열린 '21세기 새로운 한일 파트너십 공동선언 20주년 기념 심포지엄 축사에서 '지난해 한일 간 왕래는 900만 명을 넘었고 올해는 1000만 명을 내다보고 있다. 일본에서 치즈 닭갈비가 유행하고 케이팝 인기가 높아지는 등 제3의 한류 붐이 일고 있다'고 언급했다.

일본에서 한국을 방문하는 관광객 수는 평창 올림픽 이후에 증가 경향을 보였는데 그 요인 중 하나가 10대~20대 여성을 중심으로 한 제3차 한류 붐에 있다. 3차 한류 붐의 가장 큰 특징으로는 연령층이 굉장히 낮아졌다는 점을 들 수 있다. 그 중심에 있었던 것이 TWICE와 BTS다.

제1차, 2차 한류 붐과의 차이점은 1, 2차 한류 붐은 텔레비전이나 드라마, 잡지 등을 통해 한류가 전파되었다면 제3차 한류 붐은 화장품이나 음식 등이 SNS를 타고 화제가 되었다는 점이다.

3차 한류 붐의 중심 BTS

BTS의 세계적인 인기는 이미 한국에서도 알려진 바이다. 아이돌 그룹 BTS의 인기에 힘입어 멤버 개개인의 고향 역시 관광 명소로 주목받게 되었다. BTS의 멤버인 뷔와 슈가는 대구에서 태어났다. 이에 BTS의 팬 아미 사이에서는 슈가와 뷔의 발자취를 따라 대구 여행을 하는 코스가 유명하다. 대표적으로 뷔가 자주 가던 달성공원과 슈가가 좋아하는 납작반두를 파는 서문시장이 있다. 또 슈가의 믹스테이프 곡 중 724128이라는 노래가 있는데 이는 대구 버스 724번과 서울 버스 128번을 따서 지은 제목이다. 이에 팬들은 대구에서 724 버스 투어를 하며 가수가 다닌 길목을 관광한다. 대구는 막창으로 유명한 도시인데 대구 막창골목에 가면 슈가가 좋아하는 막창전문점을 발견할 수 있다. 또 칠성야시장에서도 다양한 먹거리를 체험할 수 있다.

또 BTS의 멤버 지민과 정국은 부산 출신으로 알려져 있다. 이에 부산에서도 BTS 투어를 하는 것이 팬들 사이에서 유행이다. 파크하얏트 부산은 BTS가 묵었던 호텔로 바다가 한눈에 보이는 뷰를 자랑한다. 광안대교는 BTS의 지민이 손하트를 하며 인증샷을 찍은 곳이다. 광안대교는 먹을거리, 볼거리가 가득하여 부산을 찾을 때 필수 코스이기도 하다. 또 다대포 해수욕장은 지민이 일몰을 구경한 곳으로 외국인이 뽑은 방탄 투어에서 2위를 차지했다고 한다. 부산은 대한민국에서 두 번째로 큰 도시로 방탄 투어를 하러 부산을 들른 팬들도 부산의 매력에 빠져 다시 발걸음하게 되는 도시이다.

한국관광공사에서 8개 외국어 사이트를 통해 총 137개국 22,272명의 외국인들을 대상으로 'BTS 발자취를 따라 가고 싶은 한국 관광명소 TOP 10' 인기투표 이벤트를 실시한 적이 있다. 그 중 1위를 차지한 곳은 BTS 앨범자켓 촬영 장소인 강릉시 주문진 해수욕장 '향호해변 버스정거장'이다.

향호해변 버스정거장

다음은 2위부터 10위이다.

2위 부산 다대포해수욕장

3위 담양 메타세콰이어길

4위 서울 라인프렌즈 이태원점

5위 경기 양주 일영역

6위 지리산황토골흑돼지식당(유정식당),

멤버들의 단골식당으로 알려져 있다.

7위 멤버들의 모교

8위 여수 향일암

9위 서울 강남 런드리피자

10위 서울 반포한강공원

한국관광공사에서 이러한 방탄 투어 가이드를 더 열람할 수 있다.

필자는 자매교에서 온 일본 유학생들과 대화를 하면서 대부분의 학생들이 자신이 좋아하는 K-POP 가수가 있어서 한국에 관심을 가지고 오게 된 이야기를 자주 들었다. 그 중 엑소(EXO)라는 가수를 좋아해서 유학을 오게 된 학생한테 들은 이야기가 있다.

사실 필자는 그런 아이돌 가수가 있다는 것도 유학생을 통해 처음 알게 되었는데 한국의 아이돌 문화는 팬과의 거리를 가깝게 유지하고자 연예인이 팬들에게 친절하게 대해준다고 하였다. 덧붙여 이것이 한국 아이돌의 매력이라고 이야기해주었다. 엑소는 2015년에 일본에서도 데뷔하였고 데뷔곡부터 앨범을 낼 때마다 히트 차트 탑 클래스에 랭크되어 음반 매상은 동방신기나 빅

뱅을 능가하는 정도였다. 인기에 힘입어 2018년 6월에는 한국관광공사에서 한국 명예 홍보대사로 임명되었다. 팬들은 그들의 춤에 압도되고, 섹시함에 빠져든다고 한다.

한국의 아이돌 문화는 길게는 10년 이상의 연습생 기간을 거쳐 완성된 형태로 데뷔하는 엘리트 아이돌 문화이다. 아이돌 멤버 각자가 춤, 랩, 노래 등 포지션을 부여받고 이러한 멤버를 조화롭게 구성하여 4인조에서 많게는 13인조까지 구성되어 한 아이돌이 나온다. 또 팬클럽에게도 이름을 부여하여 가수와 팬 사이에 더욱 더 친밀감을 준다. 엑소의 경우는 팬클럽 이름이 엑소L이다.

3차 한류에 중심에 있는 아이돌그룹 '엑소'

엑소 팬들을 위한 EXO-L 투어

VISIT SEOUL에서는 엑소 팬을 겨냥하여 엑소가 가깝게 느껴지도록 하는 투어를 소개하면서 멤버들이 인스타그램에 올린 식당이나 카페 등을 소개하고 있다.

일본인 멤버 3명을 포함한 9인조 여성그룹 TWICE

TWICE는 일본인 멤버 3명을 포함한 9인조 여성 그룹이다. 귀여우면서도 퍼포먼스의 질이 높아 10대와 20대 여성들의 동경의 대상이기도 하다.

2010년 이후 KARA와 소녀시대가 이끌어낸 일본에서의 K-POP 여성 그룹 붐을 견인하는 존재로 그동안 다소 기울어져 있던 한류 분위기를 한순간에 고조시켰다.

스타애비뉴

스타애비뉴는 '롯데면세점'이 광고모델로 계약, 기용하고 있는 연예인들의 영상이나 패널 등을 전시하고 있다. K-POP 팬들이 즐겨 찾는 장소로 계절마다 전시물이 바뀌기 때문에 팬들은 한국여행을 할 때마다 기념촬영을 찍는 포토존으로 자리 잡고 있다. 이곳에 전시된 스타들의 핸드 프린트도 유명한 포토존 중 하나이다. 좋아하는 스타의 손 모양에 자신의 손을 맞대는 것이 팬들의 즐거움이다.

2015년부터 2017년은 신한류 기간이었다. '한국스럽다'라는 말이 '멋있다'라는 말로 통할 정도로 한류 열풍이 거셌다. 3차 한류 붐의 특징은 연예계의 엔터테인먼트뿐만 아니라 미식이나 화장품 패션 등의 문화까지도 일본에서 유행하고 있다는 점. 특별히 한류 팬 아니더라도 일반인들이 SNS를 통해 자연스럽게 한국 드라마의 이야기를 접하거나 한국 패션, 화장품과 같은 정보에 쉽게 노출되고 있다. 이런 성공적 확산의 배경에는 제1차, 2차 한류 붐을 거쳐 한류의 기반이 착실히 다져진 기반이 있다.

2000년대에 MTV가 동아시아의 로컬라이징하며 화교권, 일본권, 한국 각자 다른 방식으로 대중문화를 형성하였다. 이러한 같은 듯 색다른 서로의 문화에 신선함에 자극을 느끼면서, 교류를 통해 또 다른 새로움을 창출하였으며, 그 결과 일본의 아이돌 선발 문화를 차용한 프로듀스 101과 같은 방송이 대성공을 이루며 일본으로 역수출하는 상황이 발생하기에 이르렀다.

이렇듯 3차 한류 붐은 단순히 일본에서 한국 아이돌을 선망하는 것에서 그치지 않고 한국과 일본이 합작하여 오디션 프로그램을 탄생시켰다. 대표적으로는 한국인과 일본인으로 이루어진 프로젝트성 그룹 아이즈원(IZ*ONE)과 전원 일본인으로 이루어졌지만 한국 기획사에서 기획한 니쥬(NiziU) 등이 결성되었다.

한국인과 일본인으로 이루어진 프로젝트성 그룹 아이즈원(아이즈원 사진)

멤버 전원이 일본인인 니쥬(니쥬 사진)

아이즈원을 따라 하는 서울 여행

아이즈원이 데뷔하고 나서 VISIT SEOUL에서는 '아이즈원을 따라 떠나는 서울 여행'이라는 제목에 포스팅을 게시했다.

이러한 아이돌 한류 붐에 힘입어 2018년 6월 도쿄에서는 '2018 한국관광 페스티벌'이 열렸다. 이 행사는 한국문화체육관광부와 한국관광공사가 주최하는 것으로 평일에 개최되었지만 1만 명을 넘는 사람들이 찾았다. 29개의 부스가 출전했는데 테마는 6가지 '로컬 투어리즘', '미식', '메디컬 투어리즘', '한류 컨텐츠', '테마 투어리즘', '체험' 존으로 나눠지고 한국의 매력을 발산했다. '로컬 투어리즘' 존에서는 수도권, 전라북도, 광주, 대구, 제주도 등 지역별로 볼거리를 흥미로운 게임을 곁들어 소개했고 '메디컬 투어리즘' 부스에서는 피부 상태 진단이나 미용체험을 할 수 있도록 되어 있고, '체험'존에서는 한복 등을 시착할 수 있게 했다.

4장
4차 한류 붐과 일본의 한류 성지

일본의 한류 붐의 흐름

일본의 한류 흐름은 겨울연가를 기점으로 1차 한류 붐이 일어난 후로, 동방신기, 카라, 소녀시대와 같은 아이돌그룹의 인기로 2차 한류 붐이 일어났으며, 다음으로 트와이스, BTS, 엑소 등을 중심으로 한 3차 한류 붐으로 이어진 후, 사랑의 불시착과 이태원 클라쓰 등 드라마로 인해 4차 한류 붐으로 이어진다.

넷플릭스라는 OTT 서비스를 통해 전 세계에서 한국 드라마를 접하기 용이해지면서 JTBC 이태원 클라쓰, tvN 사랑의 불시착과 같이 종합편성채널의 드라마가 일본 팬들에게 인기를 얻었다.

일본에서 '사랑의 불시착'은 지난 2월 16일 넷플릭스에서 전 회차가 동시 공개된 뒤 줄곧 상위권을 차지했다. '사랑의 불시착'은 일본 최대 리뷰 사이트 '필마크'(Filmarks)에서 5점 만점에 4.6점을 기록해 그 작품성을 인정받았다. '사랑의 불시착'은 재벌 상

속인 윤세리와 북한군 장교 리정혁의 러브 스토리이다. 이 드라마에서는 북한군 장교라는 일본에서는 접하기 힘든 캐릭터를 등장시키면서도 거기서 오는 고정관념을 완전히 깨버렸다. 또 분단이라는 특수한 상황을 배경으로 하여 해외 팬들이 더욱 애절한 상황에 몰입할 수 있었다.

'이태원 클라쓰'는 일본에서 한국판 '한자와 나오키'(半澤直樹)로 불린다. 주인공이 아버지를 죽음에 이르게 한 대기업에 복수하기 위하여 청춘을 바쳐 뛰어든다는 점에서 두 드라마는 비슷한 이야기 구조를 갖는다. 일본 정서에 맞는 비즈니스 권선징악에 청춘들의 연애 이야기가 가미되어 일본 전 세대를 아우르는 인기를 누리고 있다.

주연 배우들의 인기도 상당하다. '사랑의 불시착' 주연 배우 현빈은 주간지 슈칸아사히(週刊朝日) 표지에 모델로 실렸고, 일본 연예매체들은 현빈과 손예진의 사소한 정보조차 놓치지 않고 보도하고 있다. '이태원 클라쓰'의 박서준과 김다미의 헤어와 패션 스타일도 잡지 주제로 올랐다. 드라마의 배경이 되는 '이태원'에 대한 관심도 증가하여 이태원에는 드라마에서 나오는 식당 '꿀밤'이 개업하기도 했다.

코로나의 장기화로 한국 여행이 불가하자 코리안타운으로 한류 팬들이 몰렸다.

신오쿠보는 옛날부터 코리안타운으로 발전해 온 지역인데 한류 붐과 함께 단숨에 핫 프레이스로 부상되었다. 그 거리를 걷고 있으면 마치 한국에 온 것 같은 분위기를 품고 있다. 한글이 여기저기에 보이고 K-POP 음악 소리 넘치는 활기찬 지역이다.

한국의 코스메틱를 좋아해서, 한국에는 미인이 많고 특히 피부가 고와서, 좋아하는 아이돌의 펜라이트를 사러, 도쿄의 한류 성지 신오쿠보를 찾는 사람들의 이유는 각양각색이다. 제3차 한류 붐에서는 한류의 모습도 다양해졌는데,

3차 한류 붐에 힘입어 많은 10대 여성들이 찾고 이는 일본한류 성지인 신오쿠보

젊은 여성들에게 큰 호응을 얻고 있는 음식이 핫도그이다. 치즈를 꼬치에 꽂아 쌀가루 반죽을 묻혀서 기름에다 바싹하게 튀긴 것이다. 현재 신오쿠보에는 다수의 핫도그 가게가 있고 하루

에 1000개 정도 팔리는 가게도 있다. 늘어나는 치즈가 사진이나 동영상을 찍을 때 잘 나온다는 매력도 있다.

이 핫도그만큼 인기가 있는 음식이 치즈 닭갈비다. 아래 사진 메뉴는 UFO퐁듀로, 치킨에 치즈를 찍어 손으로 잡아 다이나믹하게 먹는 음식이다. 고기의 육즙과 치즈가 잘 어울려서 인기 만점이다. 멀리 오키나와에서 일부러 이것을 먹으러 오는 팬도 있을 정도이다. 줄이 길 때는 3시간 기다리는 것도 흔한 일이다.

이처럼 신오쿠보의 모습은 이전과는 상당히 달라졌다. 예전에는 한국요리라고 하면 비빔밥, 불고기 등이 일반적이었는데 이제는 젊은 층을 겨냥한 전문점들이 속출하고 있다. 동네 분위기도 크게 달라졌다. 1차 붐 때는 한국에 온 것만 같은 분위기를 연출했었는데, 최근에는 중고생들 사이에서는 핫 프레이스로 부상되고 있다. 화장품도 한국의 드러그 스토어를 그대로 옮겨온 것 같은 형태로 한국에서 지금 유행하고 있는 메이크업 재료나 화장품을 파는 가게들이 늘어나고 있다.

신호쿠보에서 핫한 메뉴 UFO 폰듀 닭갈비

신오쿠보가 '한류 성지'로 부각된 것은 2010년쯤부터이다. 한국계 가게가 늘어선 신오쿠보의 코리안타운을 많은 한류 팬들이 방문하게 되어 2011년경부터는 한국 연예인 관련 상품점이나 한국 요리점, 카페 등이 잇따라 출점되었고, 약 300미터 거리에 60개 이상에 점포가 늘어서면서 땅값이 2배 이상 뛰었다. 휴일에는 3만 명을 넘는 인파가 몰려오는 등 상당한 성공을 이루었다.

신오쿠보에 있는 한국 식자재를 판매하는 가게

김치를 소개하고 있는 김근희 씨

신오쿠보의 코리안타운은 도쿄 신주쿠구 신오쿠보역 부근에 위치한다. 1980년 이후 한국의 해외 도항 자유화 등으로 일본에 온 한국 사람들이 식자재야 잡화점을 경영해왔다. 김근희 씨는 '뉴커머'로 불리는 초창기에 건너온 사람 중의 하나이다. 그는 일본에 김치를 소개하고 싶어서 사업을 시작했다. 오랫동안 마늘 냄새가 난다는 것이 한국인을 차별하는 원인기도 했는데 그의 열의는 차별의 요인을 우호적인 우정으로 바꾸었다.

한길수 씨는 일본에서 처음으로 일본산 원료로 생막걸리를 빚었다.

일본산 원료로 생막걸리를 빚은 한길수 씨

이 지역은 원래 일본에서 유명한 문인들이 살고 있었던 곳으로 기념비나 기념공원 등이 위치하고 있는데 정치적 망명인이나 선교사, 외국인 교사 등이 사는 지역이기도 했다. 한국인들이 모이기 시작한 데에는 1950년에 롯데 신쥬쿠공장의 가동의 영향도 있을 것이다. 그 후 1980년대 후반부터는 유학생을 비롯한 '뉴커머'들이 늘었다. 이에 따라 일본어학교가 늘어나는 등 다국적화가 진행되었다. 외국인 노동자를 위한 식당이나 미장원, 식자재를 파는 가게 등이 차례차례 생겼다.

2003년 한국드라마 붐 이후에는 원래 이 거리와는 전혀 접점이 없었던 사람들도 '코리안타운'이라는 새로운 관광지인 신오쿠보를 찾아오게 되었다.

'신오쿠보'를 하루 종일 즐기는 법

신오쿠보를 순회하는 무료 셔틀버스

BTS나 TWICE 등의 인기로 최근의 신오쿠보는 10대, 20대 젊은 층을 중심으로 많은 일본인이 방문하고 있다. 평일도 사람들로 붐비지만 주말에는 특히 많은 인파로 신오쿠보역을 나가면 걸어나가기가 힘든 상황인 경우도 종종 있다.

신오쿠보 무료 셔틀버스 경로

무료 셔틀버스가 운항하고 있어 하루종일 신오쿠보를 구경한다면 편리하게 이용할 수 있다. 아침 일찍 도착했다면 조식을 길거리 음식으로 대체하는 것도 좋다. 추천메뉴는 뭐니 뭐니해도 핫도그이지만 그 외 다양한 메뉴들을 선택할 수 있다. 신오쿠보에는 다양한 가게들이 있는데 가장 눈에 띄는 것은 아이돌 관련 상품을 취급하는 상점이나 한국 화장품을 파는 가게들이다. 이런저런 상품들을 구경하면서 아이 쇼핑을 즐기다 보면 시간이 금방 지나간다. 걷기 지쳤을 즈음 카페에서 쉬는 것은 어떨까. 그 중에서도 한국 아이돌을 접할 수 있는 카페라면 즐거움을 더 할 것이다.

신오쿠보에는 아이돌과 관련된 카페들이 많다.

좋아하는 그룹의 로고를 라테아트로 즐길 수 있다.

신오쿠보는 역사가 있는 만큼 생활에 밀착한 슈퍼 등 가게들도 곳곳에 있다. 김치는 물론 과일이나 생선 등 한국에서 직수입한 식자재를 팔고 있어서 직접 한국을 방문한 것 같은 기분으로 쇼핑을 할 수 있다. 다양한 가게들을 들러보면서 시간을 보내다 보면 저녁 시간이 될 것이다. 저녁 메뉴로 인기 높은 것은 역시 치즈 닭갈비이다.

일본 빙수와는 색다른 한국 빙수

저녁을 먹고 나면 이제 디저트 타임이 기다린다. 일본에도 옛날부터 빙수를 먹는 문화가 있는데 한국의 빙수는 이와는 색다르다.

설빙 1호점은 2016년 6월에 도쿄 하라주쿠역에 오픈했는데 한국의 빙수는 일본에서 대히트를 쳤다. 한국 빙수 붐에 불을 붙은 간판 상품이 사진에 보이는 콩가루를 뿌린 콩떡팥빙수이다.

일본 빙수는 시럽을 뿌려 물기가 많은 것이 일반적인데 이 한국 빙수는 시럽이 없는데다가 얼음과 콩가루가 구별이 안 될 정도로 보슬보슬해서 매혹적이다. 얼음이 가루처럼 건조된 느낌은 일본 빙수와 전혀 달라서 놀라운 점이다.

신오쿠보에서 핫한 실빙수

한국식 빙수가 일본인들에게 충격을 주어 인기를 얻은 것은 이미 언급했지만, 신오쿠보에 있는 'SEOUL CAFE'는 새로운 감각의 실빙수로 연일 인스타그램이나 각종 SNS에서 끊임없이 공유되고 퍼져나가는 중인 핫 아이템이다.

이쿠노 코리안타운

오사카시 이쿠노구는 일본 최대의 재일교포들의 집거 지역이다. 오래전부터 자리 잡은 한국의 식문화를 비롯한 이문화 분위기의 거리다. 추루하시역 부근에는 약 120개 점포들이 있고 '한류 붐'의 영향으로 미디어들이 취재하고 관광 명소로도 주목받고 있다.

이쿠노 코리안타운의 역사는 근, 현대의 한국과 일본 역사와 깊은 관련이 있다. 한국에서 일본으로 인구가 이동하는 가운데 1920년 대에는 오사카와 제주도를 연결하는 선박이 도항하게 되어 오사카는 한국에서 오는 사람들의 중요한 현관이 되었다. 그 당시 오사카는 면적, 인구, 산업 등 모든 면에서 일본 최대 도시였고, 생활 기반을 구축하려는 한국인들이 쇄도해 공장 노동자나 토목 노동자, 축산 등의 일에 종사하게 되었다. 이렇게 해서 현재 이쿠노구를 중심으로 오사카에 대규모 한국인 거주 지역이 형성되었다.

한편 이쿠노 코리안타운은 고대로부터의 한반도와 일본의 교류의 역사를 보여주는 지역이기도 하다. 이쿠노 코리안타운 서쪽에는 미유키노모리천신궁이 있는데, 이 신사는 그 역사를 서기 406년으로 거슬러 올라가는 유서 깊은 신사다.

이쿠노 코리안타운 서쪽에 있는 미유키노모리천신궁

이 신사는 4세기에 현재 오사카시에 수도를 두고 나라를 통치한 인덕천황을 모시고 있다. 인덕천황은 매사냥을 위해 이곳을 찾은 것도 있지만 한반도 특히 백제로부터 온 도래인들과 만나기 위해 이곳을 자주 찾았다고 한다.

당시 일본에는 한반도에서 온 도래인에 의해 선진문화가 전달되었고 그로 인해 나라가 크게 발전했다.

이쿠노 코리안타운 주변에는 인덕천황이 반도에서 온 기술을 살려 만든 일본 최고의 다리 '추루노하시 터 기념비'나 일본에 한자를 전했다고 한 왕인박사가 읊은 노래비가 지역 사람들의 모금을 통해 건립되어 한반도와의 교류의 역사를 전하고 있다. 이러한 고대로부터 근, 현대까지의 한반도와의 역사도 이쿠노 코리안타운의 소중한 지역자원이다.

이쿠노 코리안타운의 모습

원래 이 지역은 조선시장이라 불리었었다. 1980년대부터는 지역 사람들뿐만 아니라 도매하려 온 사람들이나 지방 사람들로 북적거렸다. 당시는 한국의 식문화가 일본에서 일반적이지 않아 김치를 비롯해 식자재 등을 조선시장에 사러 오는 사람들이 대부분이어서 독자적인 시장으로 자리매김하고 있었다.

1988년 서울올림픽을 계기로 한국과 일본 간의 인적 교류가 급격히 확대되어 한국식문화에 대한 시각도 변하기 시작했다. 1990년대에 들어서면서 김치 등 한국 음식에 대해 비하하는 이미지가 사라지고 김치가 슈퍼나 편의점의 진열대에 오르기 시작했다. 1993년에 지금 랜드 마크로 되어 있는 '백제문'이 건립되어 이즈음부터 이 시장은 코리안타운으로 불리기 시작했다.

한류 붐은 여기 이쿠노에도 큰 열풍을 일으키게 했고 이제까지와 찾아오는 사람들의 층이 달라졌다. 한 편 일본에서도 고령화와 외국인 인구 증가라는 사회적 상황 아래에서 '다문화 공생'이 정책과제가 되어 '공생의 도시'의 기능도 맡고 있다.

제2부

K 컨텐츠 투어리즘

1장
K 푸드 투어리즘

한류하면 빠질 수 없는 것이 먹거리이다. 보통 지리적 인접도가 높은 나라 간에는 음식 문화가 비슷해 음식의 뿌리와 원조를 두고 다툼이 일어나는 경우도 빈번하다. 그러나 일본의 섬나라라는 자원적 한계와 종교적 신념으로 어패류를 제외한 육식 문화가 자리잡지 못하였고, 또한 중국과 한국 사이 바다를 둔 지리적 단절로 인해 여러 식재료와 스파이스를 이용한 자극적이고 화려한 동아시아의 여러 나라와는 다른 정갈한 식문화를 갖게 되어 한국과 일본의 음식에도 상당히 차이점이 많은 편이다.

따라서 일본의 한류 팬들은 자연스럽게 한국 드라마와 연예인들이 먹는 음식에 호기심을 가지게 되었다.

몇 해 전 일본에서 서울에 관광하러 온 필자의 이모와 사촌 동생 이야기는 앞에서 조금 언급했는데 그들이 '대장금' DVD를 닳아서 못 볼 정도로 다 보고도 다시 똑같은 DVD를 구매해서 몇 번이고 반복해서 보고 있다는 이야기를 들었을 때는 일본에서의 한류 붐에 엄청남을 실감했다.

일본인들은 그렇게 해서 드라마에 나온 한국의 모습에 매료되어 한국 방문까지 하게 되는 것이다. 음식에 있어서도 그런 한류 드라마를 보고 그 속에 나오는 음식에 관심을 가지게 되어 대장금 레시피를 다룬 요리책도 나오게 되고 요리 방송에서도 다루어지게 되고 각 가정에서도 드라마 속에서 본 음식을 스스로 만들어 먹기까지 되었을 것이다. 이모와 사촌 동생도 '대장금'에서 배운 죽을 즐겨 만들어 먹는다고 했다.

드라마 '대장금'에서 요리하는 장면

한상궁이 만든 요리들

'대장금'에 나온 설렁탕

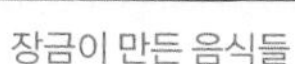
장금이 만든 음식들

5화에서 나온 돼지고기 요리

5화에 나온 설렁탕, 8화에서 장금이가 만든 만두 등등 드라마에서 나온 음식을 모두 따라하는 열정적인 K 푸드 유튜버도 있다.

일본에서 인기가 많으느 순두부

1990년대 순두부찌개는 미국 로스앤젤레스의 코리안타운의 인기 메뉴가 되었다. 두부가 대표적인 건강식품이라서도 그렇지만, 1996년에 문을 연 전문점인 'BCD TOFU HAOUS(북창동 순두부)'가 미국 내에서 인기를 얻어 체인을 내기 시작하면서 한국에 역수입 될 정도였다.

일본에서 판매되고 있는 간편 순두부 음식이나 그릇

일부 유명한 가게가 있긴 했으나 대체로 식당의 저렴한 메뉴라는 이미지였던 순두부가 이를 계기로 한국에서도 인기를 얻으며 고급화 경쟁을 벌이게 되었다.

이러한 순두부찌개의 세계화로 순두부찌개는 일본 편의점에서도 쉽게 찾을 수 있을 정도 대표적인 한식이 되었다. 집에서 만들어 먹기 위해 찌개 농축액이나 뚝배기까지 구입해서 본격적으로 즐기는 사람들도 있다.

닭 한마리

서울에는 '닭 한마리 거리'라는 거리도 있다. 닭 한마리의 유래는 1970년대 동대문에 고속버스터미널이 아직 있었을 무렵, 지방에 갈 사람이나 지방에서 오는 사람을 위해 간단하게 공복을 채우기 위한 음식으로 탄생한 것으로 알려져 있다. 고속버스터미널은 1977년에 강남으로 이전했지만, 닭 한마리 전문점들은 그대로 남아 현재 종로 5가에서 6가에 걸쳐 명물 거리가 형성되었다.

한국 닭요리는 닭 한 마리를 비롯하여 닭갈비, 치킨, 삼계탕 등 모든 분야에서 인기가 아주 많다. 치킨을 맥주와 함께 먹는 '치맥 문화'도 일본에 자리매김하였고, 치킨 무 등 닭과 잘 어울리는 곁들임 반찬도 따로 구매해서 먹을 정도로 일본 내 인기가 좋다.

광장시장

필자는 개인적으로 일본에서 손님이 오면 광장시장을 함께 모셔 가는 경우가 많다. 그리고 대부분 만족해해서 뿌듯한 경험이 여러 번 있다.

광장시장의 생간과 천엽

일본에서는 생간이나 육회 등 소고기를 생으로 못 먹게 되어 있어 이를 좋아하는 사람이라면 비행기를 타고 한국에 당일치기로 먹으러 오는 관광객들이 있을 정도다. 특히 광장시장에는 명물인 육회와 생간을 전문으로 하는 맛집이 몰려있어 일본인들이 대표적으로 찾는 K푸드 관광지이다. 광장시장에는 육회뿐 아니라 시장 가운데에 포장마차가 있어 일본인들에게는 상당히 이국적인(한국적인) 분위기를 풍기고, 그곳에서 파는 마약김밥, 떡볶이, 만두, 잡채, 순대 등은 간편하면서도 한국 전통음식이라는 느낌을 주어 꼭 하나씩 포장하여 호텔에 가져가게 된다. 국수 가게와 비빔밥 가게 등은 시장 골목 안쪽에 분포하여 광장시장이 다양한 한국 전통음식과 길거리 음식 문화를 보여주는 K푸드 관광객들에게 아주 좋은 명소라고 할 수 있다.

광장시장에서 파는 지지미

마약김밥

먹기 시작하면 멈출 수 없는 마약 김밥, 일본사람이라면 그 이름을 모르는 사람이 없을 정도로 유명한 한국 음식인 지지미 등 활발한 시장 분위기 속에서 다이나믹하게 먹을 수 있는 것이 묘미이다. 시장이니 김이나 김치 등 귀국할 때 선물을 준비하기에도 좋다.

서울관광공사에서는 김치투어나 한류드라마 속 K-Food 쿠킹 클래스를 시행하고 있어 이러한 행사에 참여해서 체험을 해보면 특별히 재미난 시간이 될 것이다.

K 푸드 쿠킹 클래스

김치 투어 프로그램

그 외로 비지트서울 웹 페이지에서는 '떡볶이 마니아 규현이 돌아왔다!'(자타공인 떡볶이 애호가 규현이 다녀간 떡볶이집 소개),

'EXO와 함께하는 서울 맛집 투어'(엑소 멤버들의 발자취를 따라 엑소 팬클럽 회원들이 즐겨 찾는 서울 맛집들), '〈런닝맨〉 멤버들의 체력 담당하는 런슐랭 가이드 4곳'(런닝맨 '런슐랭가이드'편에 소개된 맛집 코스), 'TV 밖을 나온 스타, 맛집 오너가 되다!'(외식 사업가로 변신한 스타들이 직접 운영하는 매장 소개), 'K-POP 아이들의 가족이 운영하는 서울의 맛집!' 등 테마 별로 업체를 소개하는 코너가 있어서 선택해서 가보는 것도 방법이다.

요즘에는 유튜브나 틱톡과 같은 뉴미디어를 통한 한국의 '먹방'이 유행하며 한국의 매운라면이나 일본에는 없는 특이한 음식을 따라 먹고 그 리액션을 담는 영상이 유행하며 어린 세대 사이에서 식문화 교류가 빠르게 일어나고 있다. '쿠지라이식 라면 레시피(일반라면을 볶음라면으로 만들어 생 노른자와 비벼먹는 레시피)'와 같은 일본에서 유행하는 레시피를 이용하여 한국 음식을 재창조하는 퓨전 문화가 양국 사이에서 발전하고 있다.

2장
K 뷰티 투어리즘

지금은 한국 코스메틱 제품들이 세계적 트렌드를 이끌 만큼 굉장한 파워를 가지고 있다. 수년 전만 해도 화장에 관심이 있는 한국 젊은 사람들이라면 일본 화장품에 관심이 컸다. 일본에 가서 화장품 투어를 해야 한다는 말들이 오고 가고는 했는데 이제 대반전이 일어나 일본의 젊은 사람들이 한국 화장품을 애호하고 쇼핑하러 오기까지 할 정도로 한국은 화장품 천국이 되었다.

필자의 강의 중 한일 현대문화를 비교해서 발표하는 수업이 있었는데 몇 년 전 학생 중에 한국과 일본의 메이크업을 비교해서 스스로 그 화장법을 자신의 얼굴에 적용시켜 발표한 학생의 자료를 소개하고자 한다.

필자의 수업에서 학생이 발표한 한일 메이크업 비교

이때 일본에서 유학을 와 있었던 자매대학 학생들이 여러 명이 수업을 함께 들었다. 그래서 한국인 학생과 일본인 학생 혼합 조를 만들어 조별로 발표를 하기도 했다.

한국과 일본의 화장법을 비교해서 발표한 한국인 학생은 한국 메이크업 트렌드부터 소개해주었다.

한국의 메이크업은 촉촉함을 강조하고 눈과 입술을 강조하는 것이 일반적이라면 일본의 메이크업은 보송보송하게 피부 표현을 하고 치크를 강조하여 화려하고 풍성한 속눈썹 표현과 누드 톤의 립스틱을 사용하는 것이 보편적이다.

한국식 화장법

일본식 화장법

술 마시고 난 다음 날처럼 메이크업에 술기운이 남아 있는 듯

한 연출을 한다.

립은 연하게 머리는 촉촉하게 연출하는 것이 포인트이다.

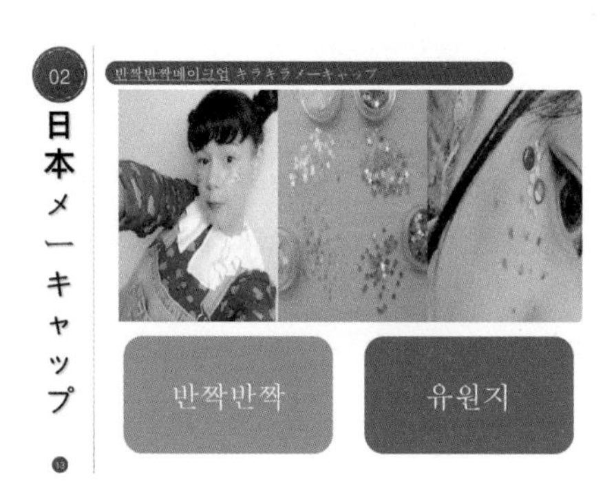

눈 밑에 반짝반짝 스팽글이나 반짝이를 붙이는 메이크업.

놀이공원이나 콘서트에 갈 때 많이 한다.

한국 메이크업이 아이라인이나 입술을 강조하고 피부는 물광피부로 연출하는 것에 비해 일본 메이크업은 속눈썹과 치크를 강조하고 누드톤 립에다 뽀송뽀송한 피부로 마무리하는 것이 특징이다.

일본인이 선호하는 귀엽게 만들어진 화장품 제품

한국 사람들의 인식에 화장품은 화장하는 도구라고 생각하는 한편 일본 사람들은 화장품을 넘어서 개인적으로 소장하고 싶게 귀엽고 예쁘게 만들어져 있는 제품들이 눈에 띈다.

세일러문, 카드캡쳐 체리, 디즈니 등등 어린이가 아닌 어른들을 위한 콜라보레이션 상품을 다양하게 선보이고 있다.

한국인이 하루 동안 미용에 쓰는 시간은 일본인들보다 2배 정도 많다는 조사 결과가 있다. 사우나나 때밀이, 팩 등 스킨 케어나 식사는 약선이라는 사상 아래 일상에서 식사에 신경을 써서 몸에 좋은 것을 섭취한다는 의식이 강하다. 이는 한국의 유교 전통 중 신체적 규범에서 오는 것으로 생각된다.

일본은 한국과 지리적으로 가깝지만 미의식에 대해서는 양국은 대조적 특징을 가지고 있다. 일본에서는 '얼굴보다 마음'이라고 생각하는 데 비해 한국에서는 '마음이 아름다운 사람은 얼굴도 예쁘다'라는 말을 자주 사용한다. 즉 한국에서는 외면적 미를 존중하는 문화가 강하다. 그래서 한국 사회에서는 성형수술도 비교적으로 일반적으로 행해지고 있다.

한국에서 일상적으로 식탁에 오르는 김치와 같은 음식은 고추나 마늘 등이 사용되어 신체의 기초대사를 촉진하는 음식이다. 이를 자주 섭취하는 한국사람들은 아름다운 피부를 가지고 있다. 이는 향신료를 일상적 식사에서 별로 섭취 안 하는 일본인에 비해 아름다운 피부를 가지는 이유일 것이다.

최근 한국의 화장품 소위 'K-뷰티'가 세계의 미용업계를 견인하고 있다. 최신 메이크업 기술이 소비자들의 마음을 사로잡아 신흥 브랜드에 세계 대기업들이 주목하고 있다. 지금 K-뷰티는 일본시장을 크게 움직이고 있다.

얼짱 몸짱

'얼짱 패션'으로 일본에서 주목 받고 있는 한류 패션

'얼짱'은 한국에서 2003년 인터넷 유행어로 될 정도로 그 당시 널리 쓰인 말이다. 이 말이 일본에도 건너가 일본어 발음으로 '오르짠'으로 굳었다. 일본의 얼짱 메이크는 귀여운 스타일을 가리

킨다.

얼짱 메이크는 새하얀 피부톤이 생명이다. 베이스로 확실하게 톤업시킨 후 파운데이션을 바르고 하얀 피부를 연출하는 것이 기본이다. 다만 두껍게 바르는 것이 아니라 컨실러나 콘트롤 칼러를 구사해서 다소 촉촉하게 연출한다. 피부를 빛내고 입체관을 내기 위해 하이라이트를 넣는 것도 잊지 말아야 한다.

일본의 오르짱 메이크업

눈화장은 아이섀도우는 짙은 색은 쓰지 않고 전체적으로 골드나 오렌지 계열을 사용한다. 아이라인은 끝이 ㄱ자가 되도록 긋는 것이 포인트이다. 애굣살 부분이 중요한데 흰색에 가까운 섀도우를 선명하게 긋도록 한다.

치크는 혈색이 띄도록
(출처: https://www.pinterest.jp)

부드러운 치크를 넣는 것이 얼짱 메이크의 포인트이다. 혈색을 띄도록 치크를 ~~하는 것이 필요한데 그러기 위해서는 끝이 둥근 작은 솔을 준비하고 엄지손가락과 인지를 얼굴에 대고 치크존을 파악한다. 치크존에 따라 치크를 가미한다. 입술은 그라데이션 립으로 짙은 색을 안쪽으로 바른 후 손가락이나 면봉 등으로 밖으로 번지게 한다. 눈썹은 극히 자연스럽게. 마무리하는 것이 얼짱 풍이다.

한국여행의 하나의 즐거움이라 하면 쇼핑이다. 요즘 한국 패션 디자인이 귀여워서 게다가 저렴해서 라는 이유로 젊은 사람들이 한국에서 옷 쇼핑을 즐기고 있다. 일본은 정가제인데 비해 한국 상점들은 대부분 교섭이 가능하여 점원들과의 대화를 주고받는 묘미도 느낄 수 있다.

1950년에 발발한 한국전쟁으로 한국 국토는 초토화로 변하고 세계 최빈국 수준으로 들어섰다. 전쟁 후 국내 수요를 충족시키기 위해 섬유산업이 발전하는데, 1960년부터 70년대에는 수출 중심으로 변환하여 외화를 획득했다. 외국에서 재료를 수입하고 인권비가 저렴한 한국 내에서 제품화시켜 해외로 수출하는 방식이다. 그런 흐름을 거쳐 한국은 섬유제품이 수출의 주축이 되었다.

'보세'라는 말은 재료를 수입할 때 본래 드는 관세를 일시적으로 보류하는 제도이다. 제품이 되어 수출될 때 관세를 하는데 일단 보류한다는 뜻을 가진 보세. 메이커들이 자금 조달이 어려워지면 수출을 못 기다리고 브렌드 태그가 붙기 전 상품을 '보세'라고 부르며 한국내에서 유통되기 시작했다. 그 제도는 지금은 없어졌지만 아직까지 '보세'라는 이름만은 남아 통용되고 있다.

1980년대 이후에는 중국, 동남아시아 등 신흥국들이 저렴한 노동력으로 경쟁에 끼어들어 선진국들은 고가의 제품을 시장에 투입하기 시작한다. 2000년대에 들어 글로벌화가 진행되어 한국은 차별화를 기하고 승부수에 나설 단계가 되었다. 이러한 흐름으로 볼 때 지금 해외에서 수용되고 있는 한국 패션은 글로벌의 흐름 속에서 다른 나라와는 디자인의 차별화를 도모하여 결과가 나오기 시작한 것으로 볼 수 있다.

보세의 메카 동대문시장

그러한 한국 특유의 보세와 만날 수 있는 메카가 동대문시장이다.

동대문 도매시장은 밤에 문을 열고 심야 시간에 사람들로 붐빈다. 이는 주간에 장사를 끝낸 상점 오너나 백화점 바이어들이 서울은 물론 한국 각지에서 물건을 사러 오기 때문이다. 회외에서 오는 바이어들도 물로 적지 않다.

동대문에서는 한국 국내의 봉제공장에서 만들어진 상품과 중국 등 해외에서 제조된 상품도 있다. 온라인 쇼핑몰 운영진도 자주 찾는 곳이다

'보세' 상품들은 이 동대문을 중심으로 상품들이 유통되는 것

이 대부분인데 이 동대문을 거쳐 서울 시내의 여러 지역으로 흘러간다.

고속버스터미널 GOTOMALL

고속버스터미널 GOTOMALL은 끝에서 끝까지 걸어서 10분 정도 걸릴 정도로 긴 쇼핑몰이다.

양단에는 푸드코트도 있고 복합상업시설이 있어서 비 오는 날도 편하게 다양한 물건들을 아이 쇼핑할 수 있다.

명동 거리

명동은 패션 전문 스트리트라는 분위기가 아니라 화장품 가게나 음식점도 골고루 모여 있는 거리로 다양한 길거리 음식들을 파는 가게도 많다.

바로 옆에는 남대문 시장이 위치하고 있어 함께 들러보면 좋다.

남대문 시장

홍대 메인스트리트인 홍통거리는 옷이나 구두를 취급하는 가게들이 곳곳에 있다. 대학이 가까운 젊은이의 거리인 만큼 저렴한 상품도 많다.

예술 전공자가 많은 홍익대학교가 근처에 있어 아티스트 관련 아이템들을 구경하면 시간이 금방 지나간다.

근처 이대 앞 거리로 가면 여대생들이 좋아할 만한 아아템들을 자주 마주칠 것이다.

한국패션은 일본 제품에는 볼 수 없는 색상이 평이 좋다. 디자인도 우수하고 일본의 유사한 디자인에 비해 저렴하게 구입 가능하다는 매력이 있다. 한국 패션을 취급하는 온라인 가게는 소규모인 경우가 많아 경영자 스스로가 모델이 되어 판매하는 곳도 있다. 그 중에서도 브렌드화해가는 가게는 K-POP 아이돌이나 연애인들이 입어서 대중에게 노출이 잘 되어 주목을 받는 경우가 많다.

특히 세계를 무대로 활약하는 인기 아이돌은 공항에서의 패션도 화제가 된다. 이를 '공항패션'이라고 하는데 그들이 어떤 옷을 입고 어떤 아이템을 가지고 있는지도 화제 거리가 된다. 인터넷을 통해 시차 없이 해외 정보가 오가는 작금이다. 특히 한국과 일본은 교류하는 사람들의 수가 가장 많아 유행에 민감한 젊은 사람들은 자신이 좋아하는 것은 적극적으로 손에 넣으므로 일본에서도 한국발 패션이 이미 하나의 장르로 정착되었다.

3장
K 캐릭터 투어리즘

라인프렌즈 플래그십 스토어

명동역 근처에 있는 '라인프렌즈 플래그십 스토어'는 일본 사람들에게 큰 인기를 얻고 있는 스마트폰용 메신저 앱인 라인 캐릭터 상품을 취급하고 있는 공식점포이다. 입구에 거대한 크기의 브라운이 있어 사진을 찍으려고 하는 사람들이 줄을 서는 포트죤이다. 전포 내에서 사진 촬영이 자유로워 최근 여행의 트렌드인 인스타그래머블 즉 인스타그램에 올릴 예쁜 사진을 찍기에 적합하거나 사진을 찍어 올려 자랑할 만한 것을 추구하는 젊은 층들에게는 최적의 장소이다.

라인은 LINE주식회사가 운영, 개발하는 모바일메신저 애프리케이션으로 NAVER주식회사의 자회사이다. NHN Japan주식회사(현 LINE주식회사)가 2007년에 개발한 서비스다. NHN 창업자인 이해진씨가 2011년 동일본대지진 때 가족이나 친지들에게 연락을 취하려고 하는 당시 답답했던 상황을 보고 발안하고 스스로 일본에 머물면서 개발프로젝트를 추진했다.

카카오프렌즈

일본에서의 카카오프렌즈의 인기도 무시할 수 없다. 홍대입구역 근처에 카카오프렌즈 뮤지엄이 있고 뮤지엄 한정 캐릭터들도 판매되고 있다.

카카오톡 아이템들은 일본에서도 판매되고 있고 한국의 캐릭터를 좋아하게 되어 한국을 좋아하게 되는 경우도 적지 않다. 일반적으로 한국을 좋아해서 한국요리를 접하거나 한국과 관련된 것에 관심을 가지는 흐름과는 대조적인 현상이라고 하겠다.

일본에서 인기 많은 어피치

해녀 어피치

카카오 프렌즈 중 어피치는 일본에서 폭발적인 인기를 얻었다. 한국관광공사는 일본사람들이 사랑하는 어피치를 2019년에 한국관광 홍보대사로 임명했다. 어피치는 일본인 관광객 유치의 명을 받아 일본에서 온, 오프라인으로 홍보활동을 맡은 바 있다.

카카오프렌즈는 2018년 말에는 도쿄에 첫 공식 매장을 오픈했는데, 당일 비가 오는 날씨 속에 2000여 명의 고객이 찾아올 정도였다.

제주관광공사는 '해녀 어피치', '해녀 라이언', '귤 라이언' 등 제주도 한정 상품을 소개하면서 일본인 유치를 했다.

롯데월드와 에버랜드

한국을 대표하는 2대 테마파크가 있다. 롯데월드와 에버랜드이다.

(왼쪽) 롯데월드의 캐릭터는 개원 시부터 롯티와 롤리, (오른쪽) 에버랜드는 2015년에 어린 사자인 레니와 라라가 등장했다. 이들은 퍼레이드에도 참가하고 오리지널 상품들도 판매되고 있다.

롯데월드는 서울 시내에 있고 접근성이 좋은 반면 에버랜드는 서울 교외인 경기도 용인시에 위치하고 있다. 롯데월드는 롯데호텔, 롯데백화점, 롯데월드타워, 롯데월드몰 등 각종 대형 시설이 모여있는 대형 레저 에리어에 속하며 단체 여행의 경우 기호에 따라 놀이공원이나 쇼핑 등 각자가 좋아하는 스타일로 보낼 수 있다.

한편 에버랜드는 롯데월드의 5배 크기로 동물원이나 사파리 파크까지 있으며 부지 내에는 무료리프트나 워킹무브 등이 설치되어 있다. 자연에 둘러싸여 정원도 아름다워서 어린 아이부터 노인까지 폭넓은 연령의 사람들이 즐길 수 있다.

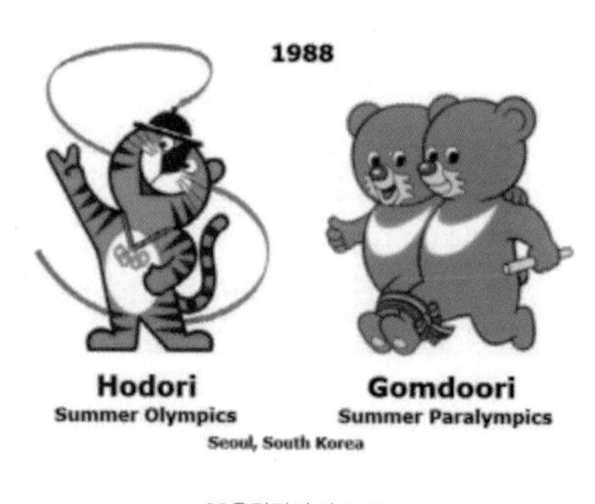

88올림픽의 마스코트

1988년 서울올림픽 아이돌은 호랑이인 호돌이와 곰인 곰돌이였는데 2018년 평창 올림픽 마스코트도 역시 호랑이와 곰이였다.

수호랑과 반다비는 일본에서도 대인기로 매진이 속출하여 12만원이라는 가격으로 통상 가격보다 비싸게 통신거래되고 있다.

수호랑

반디비

백호는 한국을 대표하는 수호 동물이다. 선수들이나 관중들을 보호한다는 의미로 붙여진 이름이다. 랑은 호랑이의 랑과 강원도 정선아리랑을 상징하고 있다.

패럴림픽의 마스코트인 반다비. 인내나 용기를 상징하는 반달가슴곰의 캐릭터이다. 곰은 단군신화에 등장해 한국에서 신성시되고 있다. 반달가슴곰의 반달과 대회를 기념하는 碑비를 합쳐서 반다비라는 이름이 되었다.

범이와 곰이

범이와 곰이는 강원도 마스코트로 '2018 평창동계올림픽'을 통해 사랑받은 수호랑과 반다비의 2세이다. 한국의 대표 동물인 호랑이와 반달가슴곰을 상징하는 캐릭터다.

대전엑스포 꿈돌이

대전엑스포 마스코트 꿈돌이

1933년 대전엑스포 공식 마스코트로 화려하게 데뷔한 '꿈돌이'. 그 후 이제는 잊혀진 존재가 되어 있었다. 2020년 카카오TV가 '내 꿈은 라이언'이라는 프로그램을 방영했다. 이 프로그램은 카카오의 인기 캐릭터인 '라이언'을 롤모델로 삼는 마스코트들이 '마스코트 예술종합학교'에 입학하는 것으로 시작한다. 여기서 진행되는 각종 경연을 통과하고 수석 졸업생으로 선정된 마스코트는 장학금과 함께 카카오톡 이모티콘으로 출시되는 혜택을 받는다.

꿈돌이는 1993년 한빛탑에서 쏘아 올린 신호를 받고 우주에서 대전으로 날아온 아기 요정이다. 대전엑스포 개최 당시 화려한 정성기를 보냈으나 폐막 이후 사람들의 기억에서 사라져갔다. 그럼에도 꿈돌이는 캄팔라고 행성과 대전을 오가며 친구들과 다시 만날 날을 기다렸다.

꿈돌이는 초대 수석 졸업생으로 선정되어 약 30년 만에 제2의 전성기를 누리고 있는 셈이다. 과학 도시이자 온천으로도 유명한 대전광역시 유성구에서 명예 주민증도 받아 지역 활성화를 위해 활동하고 있다. 대전에는 엑스포과학공원 이외에도 오월도, 뿌리공원, 한밭수목원, 유성온천 등 계절별로 즐길 수 있는 장소도 다양하다.

놀이공원, 국가적인 행사를 중심으로 대표적인 캐릭터를 소개했는데, 그 외 한국에는 지역이나 축제 등을 홍보하는 많은 캐릭터들이 있다.

고양고양이

경기도 고양시의 마스코트 '고양고양이'. 시의 올바른 명칭을 알리기 위해 2013년 SNS에 처음 등장했다.

한국콘텐츠진흥원이 '우리 동네 캐릭터 대회'를 주관하고 있는데 2020년 제3회 대회에서 고양고양이는 최우수상을 수상했다. '우리 동네 캐릭터 대회'는 지역, 공공 캐릭터를 전 국민에게 알리고 활용성을 높이기 위해 매년 개최되고 있는데, 제3회 대회에는 전국 100개 기관이 참가하여 100% 온라인 국민투표로 진행되어 본선에는 16개 팀이 진출했다.

고양고양이는 1회 특별상, 2회 최우수상에 이어 다시 최우수상을 수상하여 3회 연속 수상에 기록을 세운 한국 대인기 캐릭터로 고양시 홍보에 큰 역할을 하고 있다.

광주시 양림동의 마스코트 동개비

광주시 양림동의 마스코트 '동개비'.

〈양림동 충견설화〉 추운 겨울날 강아지가 효자인 주인의 심부름을 하던 도중 아홉 마리의 새끼를 낳았다. 주인의 심부름을 완수하고 싶었던 개는 새끼를 차례대로 한 마리씩 물고 집에 데려다 놓고는 숨을 거두었다고 한다.

이 개의 비석에서 이름을 따 양림동 마스코트인 동개비가 탄생했는데 양림동의 소식을 전한다는 뜻을 가지고 있다. 그래서인지 효자비 바로 옆에서 양림동의 소식을 전하는 우체부 모습을 한 동개비를 발견할 수 있다.

부천시의 부천핸썹

진주시의 하모

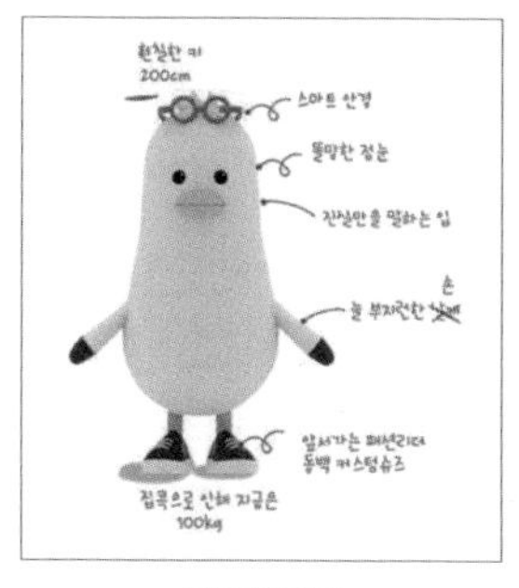

부산의 부기

부천핸썹은 부천시 마스코트이다. 힙합에서 관객 호응을 할 때 들을 수 있는 'Put your hands up(풋쳐핸섭)'와 부천이라는 도시명을 합쳐 만들어진 이름이다. 마스코트의 얼굴은 힙합에서 팬들이 가수에게 보내는 존중의 의미인 손 모양을 따서 만들어졌다.

하모는 진주시 마스코트이다. 진주의 진양호와 남강에 서식하는 수달을 모티브로 도시명인 진주를 표현하고자 조개 모자와 진주 목걸이를 했다. 이름인 하모는 긍정적인 메시지를 뜻하는 진주 방언이다.

부기는 26년 만에 새롭게 등장한 부산 대표 캐릭터이다. 부기는 부산 갈매기의 줄임말이다. 유튜브를 통해 시민들과 만나 특정 키워드에 대해 이야기를 나누는 등 자신만의 세계관을 가지고 시민과 소통을 하고 있다.

펭수

펭수는 지자체 마스코트는 아니고 교육방송에 등장하는 한 캐릭터이다. 남극에서 태어난 자이언트 펭귄으로 크리에이터를 꿈꾸며 한국으로 왔다. 펭수는 2021년 기준 10살로 어린이의 눈에서 세상을 바라보는 콘셉트로 이야기를 진행한다. 이런 시선이 어른들의 동심을 자극해 아주 큰 인기를 얻었고 카카오톡, 라인프렌즈 이후에 제2의 캐릭터 전성기를 열었다.

4장
K 컬쳐 투어리즘

여기서는 우선 한국문화에 중심에 있는 한국어와 관련된 이야기부터 시작하고자 한다. 일본 NHK에서 한국어 강좌를 처음 방영하기 시작한 것은 1984년이었다. 2004년 욘사마 붐이 일어나 시작할 무렵 당처에 한국어 강좌의 교재 판매 부수가 9만 부였던 것이 2004년에는 약 20만 부로 어학 교재로는 영어에 이어 2위가 되었다.

2010년대 후반에 3차 한류 붐이 일어나 어학은 물론 한국 아이돌을 좋아해서 댄스 유학하는 젊은이들도 늘어나고 있는 상황이다. 이러한 상황 속에서 50대 남성의 한국 유학 뉴스가 떴다.

유학하기 전까지는 건축업계에 종사했었다는 와타나베 씨(가명)는 2018년 여름 돌연 회사를 그만두고 한국으로 갔다. 그 계기는 K-POP 아이돌이었다. 그는 원래 한국을 혐오하는 혐한파였다고 한다. 그는 이렇게 말한다. '한국어를 공부하기 전까지는 욘사마 붐이 일어난 제1차 한류 붐도 동방신기나 소녀시대 중심의 제2차 한류 붐도 솔직히 짜증스럽게 생각하고 있었어요. 한국에 관한 화제를 싫어하고 무엇이 좋은지 전혀 이해가 안 됐어요.'

일본 아이돌에 대한 관심도 전혀 없고 뉴스나 여행 프로그램을 보는 것을 좋아했던 와타나베 씨의 평범한 일상을 바꾼 것은 유튜브 광고였다.

그는 이어 말한다. '그 정도로 대대적인 붐이 되면 유튜브에 한류 아이돌의 '추천 동영상'이나 '광고'가 눈에 들어오게 되어, 어느 날 광고에 나와 있던 KARA에 사로잡혔습니다. 하루에 10시간은 봤죠. 그리고 언젠가 '이 아이들이 사는 한국이란 어떤 곳일까?' 라는 생각이 들어 'KARA'가 그 정도로 유창하게 일본어를 말하는데 나도 한국어를 할 수 있지 않을까?' 하고 생각하게 된 거죠. 그리고 한국어를 말할 수 있게 되면 아이돌이랑도 대화할 수 있지 않을까 하고.'

한국에 가는 생각 자체가 전혀 없었던 혐한에서 180도 바뀌어 마음이 한국을 향했다. 현재는 유학 중인 와타나베 씨. 그러나 회사를 그만두고서까지 유학하는 것에 망설임은 없었던 것일까.

'실은 작년 봄쯤부터 원인을 알 수 없는 어지럼증이 있어 건강상태를 이유로 결근이 잦았어요. 이대로라면 회사에 폐를 끼친다는 생각을 했고 마침 좋은 계기였는지도 모릅니다. 퇴사하고 바로 한국에 왔습니다.'

와타나베 씨는 독신이었던 것도 있고 한국에 오기까지 시간이 별로 걸리지 않았다. 아무튼 일본과 한국에서는 문화가 다르다. 실제로 생활해보고 느끼는 것은?

'생활면에서는 일본과 비교해서 불편함은 없는데 가장 다른 것은 '사람'입니다. 좋게 말하면 '친절'하지만 나쁘게 말하면 '지나친 참견'입니다. '밥은 먹었니?', '어디 가니?'라는 질문은 당연한 일이고 몸이 아팠을 때는 밥을 가져다 준 적도… 한국에 간 첫 날, 일본어를 할 수 있는 기사님이 운전하는 택시를 탔는데 기사님이 점심을 같이 하자 해서 같이 냉면을 먹었습니다. 정말로 사람과 사람의 거리가 아주 가깝죠. 일본인은 그런 거리감에 익숙지 않아서 받아들이기 힘들 때도 있습니다.'

유학이라고 하면 20대가 중심이라서 나이가 핸디캡이 되지 않을까? 라고 생각하기 쉽다. 그러나 이런 고민은 전혀 없고 '한국어를 공부하고 싶다'라는 마음은 늘어날 뿐이라고 한다. 그 원동력이 된 것이 역시 아이돌에 대한 동경이다.

와타나베씨의 방은 한국의 아이돌 관련 물건으로 가득하다.
(출처: https://nikkan-spa.jp/1539737)

'밥 먹었나', '어디 가나'는 한국에서는 인사지만 그걸 모르면 와타나베 씨처럼 그걸 참견이라고 생각할 수도 있을 것이다. 사람과 사람의 거리감에 대해 조사한 자료를 본 적이 있는데 역시 한국 사람들은 비교적으로 사람들과의 거리감이 적은 것을 긍정적으로 받아들이는 편이다. 한국 사람들이 남에게 관심이 많은 것은 익숙하지 않은 상태나 관계의 성격에 따라서는 짜증스럽게 느낄 수도 있겠지만 김치처럼 중독성 있는 한국인들의 행동 양식이라고 생각한다. 익숙하면 그것이 관심이고 사랑이라 받아들여져 좋게 수용할 수 있기 때문이다. 이런 면도 한국 문화의 일부분일 것이다.

2004년부터 본격적으로 일어난 일본 한류 붐으로 한국의 전통주인 막걸리에 대한 관심도 엄청나다. 막걸리의 고장이라고 하면 여러 군데를 들 수 있지만 그 중에서도 유명한 곳 중 하나에 포천을 둘 수 있다. 경기도 抱川포천은 '물을 안고 있다'는 이름처럼 예부터 물이 맑기로 유명했다. 경기도에 약 20개의 막걸리 공장이 있는데 그 중 9곳이 포천에 있다. 이동막걸리, 일동막걸리, 배상면주가, 조술당 등이 모두 이곳에 터를 잡고 있다.

한국 전통주 박물관 '산사원'

1996년에 개관한 '산사원'에서는 한국 전통주인 막걸리의 역사를 알리는 박물관을 비롯해 약 4000평 대규모 정원을 보유하고 있고 다양한 전통주 약 20종을 시음할 수 있다.

포천은 '포천석'이라고 불리는 화강석으로도 유명하다. 포천석은 단단하고 아름다워 청와대나 국회의사당, 인천국제공항 등 여러 곳에서 사용되었지만 2002년에 폐쇄되었다. 포천 신북면에 있는 아트밸리는 채석장을 정비해 공원화한 힐링 장소로 관광객들에게 인기가 있다.

全州の名所マッコリタウン

全羅北道(チョルラブット)全州(チョンジュ)市には、マッコリを頼めばテーブルの脚が折れるくらいたくさんのおつまみを出す独特のシステムで有名なマッコリタウンがあります。

全州マッコリタウンは三川洞(サムチョンドン)、平和洞(ピョンファドン)、西新洞(ソシンドン)、慶園洞(キョンウォンドン)、孝子洞(ヒョジャドン)、麟後洞(イヌドン)、牛牙洞(ウアドン)の計７箇所。

マッコリを追加するたびにおつまみの種類が変わり、何を注文するか悩むこともなく、次々と料理が運ばれてくるので、あっという間にテーブルがいっぱいになります。

全州のマッコリを飲むと４回酔うと言われています。酒の席の楽しさに酔い、さっぱりとしながらも独特な酒の味に酔い、心のこもったたくさんのおつまみに酔い、料金の安さと人情に酔う。楽しい雰囲気で心ゆくまでお酒を楽しめるのが、全州マッコリタウンなのです。

전주 막걸리 타운 소개 글

위 이미지에서는 전주 막걸리 타운을 소개하고 있다. (내용) 전라북도 전주시에는 막걸리를 주문하면 상다리가 부러질 만큼의 많은 안주를 주는 톡특한 시스템으로 유명한 막걸리 타운이 있다. 전주 막걸리 타운은 삼천동, 평화동, 서신동, 경원동, 효자동, 인후동, 우아동의 7군데. 막걸리를 추가할 때마다 안주 종류가 바뀌고 무엇을 주문할지 고민할 필요도 없이 차례대로 나오기 때문에 눈 깜빡하는 사이에 상이 가득하다. 전주 막걸리를 마시면 4번 취한다고 한다. 술자리의 즐거움에 취하고, 산뜻한 술맛에 취하고, 마음이 담긴 양많은 안주에 취하고, 저렴한 요금과 인정에 취한다. 즐거운 분위기 속에서 마음껏 즐기는 것이 전주 막걸리 타운이다.

한복을 입고 거리를 거닐어보는 것도 관광객의 특권이다. 서울의 랜드 마크인 남산 서울 타워 한복문화체험관은 조선 시대의 대표적인 공간을 테마로 한 포토존과 다채로운 디자인 및 색상의 한복을 테마별(전통, 개량, 혼례 등)로 구비하고 있다.

한복을 입고 기념촬영하는 관광객

특히 체험관 내 대표 포토존은 경복궁 근정전의 어좌, 경복궁 교태전 중전의 방, 한옥의 사랑방에서 원형을 가져왔다.

한복과 더불어 사진이라는 매개체를 통하여 왕, 중전, 사대부를 어우르는 조선 시대 사람들의 삶을 체험하고 공감하여, 한국 전통 미학의 가치를 국내외 다양한 사람들에게 알리는 역할을 하고 있다.

한국전통 악기 '해금'

필자는 몇년 전 어느 날 동료를 축하하기 위해 찾은 행사장에서 해금 독주를 듣고, 그 소리에 매료되어 바로 배우기 시작했다. 해금의 소리를 직접 처음 들었을 그때 무슨 악기 소리인지 몰라 인파를 헤치고 연주자의 모습을 확인했다. 해금은 그 모양도 아름답다. 해금의 역사를 거슬러 올라가면 몽골의 말들이 지쳤을 때나 마음의 상처를 입었을 때 치유하기 위해 그 악기의 소리를 들려주었다는 말을 들은 적이 있는데 그때 들은 해금 소리는 정말 필자 마음에 심금을 울렸다.

국립국악원

서울에 위치하는 국립국악원은 다채로운 국악 공연을 진행하고 있다. 또한 거문고나 단소, 판소리 등 국악의 다양한 종류의 교육과정을 온, 오프라인으로 개설하고 있으며 웹사이트에서 외국인들에게 간단한 국악 소개 영상이나 악기에 대한 이해를 도모하도록 자료를 소개하고 있다.

인천공항에 있는 한국전통문화센터

인천공항 3층 출국 구역에 위치한 한국전통문화센터는 동관과 서관 2곳에서 운영되고 있다. 문구 용품, 주방용품, 인테리어 소품이나 장신구 등 전통문화의 향기를 느낄 수 있는 다양한 문화상품과 함께 역사와 전통이 깃들어 있는 다양한 공연, 전통문화체험도 할 수 있다.

한국의 배달문화

일본에서는 전통적으로 음식 배달이라고 하면 우동이나 덮밥류, 그리고 초밥 등이 일반적이지만 한국에 경우 짜장면이나 피자, 치킨 등 업체에서 배달서비스를 제공하는 경우가 많다. 요즘은 대행구매 서비스가 활발하여 한국도 일본도 다양한 서비스가 전개되고 있지만, 한국의 경우 특히 수도권에서는 굉장히 일상적인 문화로 정착되고 있다.

한국에서는 외식을 할 때도 혼자 식사하는 모습을 쉽게 볼 수는 없다. 필자가 외래 강사로 대학 강의를 할 당시, 학교 식당에서 혼자 식사를 하는 모습을 본 학생이 다가와 '혼자서 식사하세요?'라며 옆에 앉아 함께 있어주려고 할 정도로 한국에서는 혼자 식사하는 것은 안쓰러운 일로 여겨지는 상황이다. 물론 요즘은 그런 인식이 바뀌어가고는 있다.

그래서 배달 음식은 집에서 '혼밥'하기도 좋고 양이 많아 두 번으로 나누어 먹을 수도 있는 점이 편리하기도 하다. 오랜 동안 배달 음식의 대표 자리를 차지하고 있는 것은 짜장면이다. 일본에서 대부분 아이들이 카레나 햄버그스테이크를 좋아하는 것처럼 한국에서는 짜장면이 특히 어린 아이들이나 젊은 사람들에게 인기가 높다. 옛날에는 대학 졸업식이 끝나고 가족끼리 함께 먹는 음식도 짜장면이었다.

일본식 중국집의 대표메뉴가 라멘, 교자(군만두), 볶음밥이라면 한국의 중국식 음식의 대표는 짜장면, 짬뽕, 탕수육이다.

짜장면, 치킨을 필두로 배달 주문할 수 있는 음식은 아주 다양한데 서울의 경우 한강공원이나 시민의 숲 등 야외로의 주문이 가능하니 유학생이나 관광객들에게도 특별한 경험을 선사해줄 것이다. 사람들이 모여드는 공원 같은 곳을 방문하면 여기저기에 식당 전단지가 뿌려져 있어 사진을 보고 마음에 드는 메뉴를 선택해서 전화를 걸면 된다.

한강공원의 배달존

한강공원에서 음식을 주문하게 되면 이렇게 배달 음식을 받아가는 배달존으로 배달이 와 음식을 가져갈 수 있다. 이렇듯 야외에서 배달을 시키는 것은 한국 문화로 자리잡고 있다.

어플리케이션을 사용하면 보다 쉽게 언어적인 장벽을 넘을 수 있다. 다양한 앱이 있으나 대표적인 것 중 하나를 다운로드해서 위치 정보를 켜서 주문 가능한 가게를 확인한 후, 좋아하는 음식을 선택하여 주문하면 된다.

배달을 시키는 사람이 많다 보니 배달부도 더 많이 필요하다. 이에 배달의 민족이라는 배달 어플리케이션은 배민커넥트를 출시해 일반 사람에게 아르바이트의 형태로 배달을 맡기고 한 건당 약 3000원을 주는 신개념 고용을 했다. 이러한 배달부는 해당 음식점 근처에 사는 동네 주민이 걸어서 배달하는 것도 가능하다. 따라서 운동과 아르바이트의 개념으로 배민라이더스(배달부)가 늘어나는 추세이다.

한국 절 체험

한국은 템플스테이라고 하여 절에서 한국 불교 문화를 체험하며 묵을 수 있는 프로그램이 있다. 템플스테이는 2002년 한일 월드컵을 기점으로 한국 전통 문화를 알리기 위해 시작되었다. OECD에서 '창의적이고 경쟁력 있는 우수 문화상품'으로 선정되기도 했다.

한국불교와 일본불교는 차이가 있다. 한국불교는 실천불교인 선종이 주류적인 종파로 발전하였고 일본불교는 밀교적인 진언종과 천태종이 주류종파로 발전되었다. 이에 따라 절 문화도 상당히 상이한데 일본에서는 머리를 깎지 않고 채식을 하지 않으며 결혼한 스님도 많지만 한국은 주로 머리를 밀고, 채식단을 유지한 채 절에서 생활을 하기에 이점이 흥미로워 한국 절을 체험하고자 하는 일본인도 많다.

템플스테이 체험 프로그램

템플스테이는 140여 개의 절에서 진행하며 당일형 프로그램, 체험형 프로그램, 휴식형 프로그램 총 3개의 유형이 있다. 당일형 프로그램은 머무는 것이 여의치 않은 객을 상대로 절 체험을 단기속성으로 진행한다. 체험형 프로그램은 사찰마다 조금 다르게 특색을 넣어 진행한다. 새벽 예불, 사찰 주변에 숲 체험, 108배, 연등 만들기 같은 체험을 할 수 있다. 휴식형 프로그램은 사찰에 머물며 지친 몸과 마음을 달랠 수 있도록 구성된 프로그램이다. 주로 스님과의 차담과 명상으로 이루어져 있다.

템플스테이 장면

더 자세한 내용은 템플스테이 공식 홈페이지에서 확인할 수 있다.

한류 관광의 다양화와 가능성

1장
일본 내 한류 관광지

한국 드라마가 일본에서 인기를 얻자 일본 시장을 겨냥하면서도 한국과는 다른 이국적 느낌을 주기 위하여 드라마 제작사들은 일본을 배경으로 드라마를 촬영하기 시작하였다.

일본 아키타현은 2010년에 현 내의 '아이리스' 촬영지 20군데를 게재한 관광 지도를 제작했다. 2009년 10~12월에 한국에서 방영된 드라마 '아이리스'는 2010년 봄부터 일본 내에서 방영이 시작되어, 아키타현은 한국인 관광객과 일본인 관광객을 대상으로 하여 총 1만 부를 준비했다.

아키타현 제작 아이리스 촬영지 순회 맵

이 지도에는 하키타현 내에서 행해진 20곳의 촬영지 정보 외에 출연자들이 촬영 당시에 들른 곳이나 음식 메뉴도 실렸다. 드라마에서의 대사도 게재하는 등 '드라마를 본 감동이 되살아나는 구성'을 노렸다.

다자와호 의 타츠코 상

이병헌과 김태희가 찾은 곳으로 주목을 받은 다자와호. 영원한 젊음과 미를 염원하며 호수의 신이 되었다고 전해지는 전설의 미녀 '타츠코 공주'의 동상. 타츠코는 애인을 위해 그녀의 미모와 젊음을 영원히 간직하기 위해 남몰래 백일 기도를 했다. 북쪽에 있는 샘물을 마시면 소원이 이루어진다는 하늘에 계시에 따라 타츠코는 어느 날 집을 나서 깊은 숲 속의 맑은 샘을 배가 부르도록 마셨다. 시간이 지나 그녀는 큰 용이 되어 있었다. 용이 된 그녀는 다자와호의 주인이 되어 호수 바닥 깊은 곳으로 침물해 갔다.

세상 어디에도 없는 착한남자 일본 방영 안내

2012년 한국에서 방영된 '세상 어디에도 없는 착한 남자'는 아오모리현 히로사키 시에서 촬영된 씬이 있다. 히로사키 시는 아오모리현의 서부 츠가루 지방의 중심이 되는 도시로 17세기 초부터 번성해 온 성곽도시로 지금도 옛 모습을 그대로 간직하고 있는 역사 도시이다. 히로사키 시에서는 2013년에 '착한 남자' 히로사키 촬영지 지도를 제작하였다.

아오모리는 네푸타 축제로 유명하다. 이 드라마에서는 강마루와 서은기가 '네푸타'를 보면서 데이트하는 씬이 있는데 해당 지역 일부분을 교통 봉쇄하고 네푸타 단체 2팀과 약 1000명의 엑스트라가 협력해서 대규모 '네푸타 축제' 씬이 재현된 바 있다.

네푸타 축제

아오모리현 아오모리시에서 열리는 네부타 축제는 일본 토호쿠 지방 3대 축제 중 하나이다. 일본 전국 방문자 수 랭킹에서도 1, 2위를 다투는 매우 유명한 축제이며 내년 8월 2일부터 5일까지 5일간 열린다. 매년 평균 200만 명 이상의 방문자가 있을 정도로 세계적으로도 유명하다.

기원에는 수많은 설이 있는데, 17~18세기부터 시작되었다고 알려져 있다. 네부타란 위의 사진처럼 사람이나 여러 가지 모형의 등의 구조물을 말한다. 나무로 큰 틀을 잡고 철사로 세세한 틀을 잡은 후, 종이를 붙인 뒤 그림을 그려서 만든다. 대형 네부타는 1톤을 넘어가기도 한다. 근래 들어서는 기업 및 집단에서 네부타 수레와 기업을 상징하는 네부타를 만들어 운행하기도 하고 최근에는 이런 형태의 네부타가 주를 이루고 있다. 2015년에는 삼성 갤럭시가 스폰서로 참가하기도 하였다.

아오모리 이외의 지방에서는 네부타 축제와 비슷하면서도 다른 다양한 네부타 축제가 있는데 그중 하나가 히로사키 시의 네푸타 축제이다. 히로사키의 네푸타 축제의 큰 특징은 아오모리 네부타보다는 규모가 작은 부채꼴의 수레이다. 부채꼴 꼭대기에는 사람이 서서 운행을 지시하듯 한다. 아오모리 네부타 축제의 구호가 '랏세라'라면 히로사키 네푸타 축제의 구호는 '야 야 도'이다.

드라마 전반부 클라이막스인 강마루와 서은기의 천수각을 배경으로 한 씬.

히로시키 성은 히로사키 공원 안에 있다. 일본 내 3대 벚꽃 명소로도 유명하다. 히로사키 성은 츠가루 지방의 통일을 이룬 츠가루 타메노부가 계획하여 1611년에 완성되었다. 이후 20년 동안

츠가루 지방 정치의 중심지였다. 17세기 화재로 인해 천수각이 소실되었다가 19세기 초에 복원되었고. 1895년에 히로사키 공원으로 개방되었다.

메이지 시대 말기부터 시민들의 벚나무 기증이 활발해졌고 현재 봄에는 왕벚나무와 수양벚나무, 천엽벚나무 등 약 2600 그루의 벚꽃나무가 공원 한가득 심어져 벚꽃 천국을 이루고 있다. 히로사키 공원을 들러보는 것만도 2시간은 족히 걸릴 정도로 넓고 성곽주변을 따라 해자가 있고 그 해자를 따라 벚꽃 터널이 장관이다.

드라마 '사랑비'

드라마 '사랑비' 무대의 일부가 된 일본 아사히카와 시와 후라노 시. '겨울연가'의 감독과 각본가가 다시 뭉쳐 주목을 받은 로맨틱 러브 스토리.

2012년 초봄 홋카이도 촬영투어는 약 10일간 후라노, 아사히카와 지역을 바탕으로 비에이, 카미호라노 후키아게온천, 팜 토미타 등에서 행해졌다. 장근석과 윤아는 일본 홋카이도에서의 촬영으로 그 지역을 들끓게 했다. 아사히카와와 후라노 등 곳곳에서 촬영이 진행되어 수많은 시민들은 장근석과 윤아의 모습을 보기 위해 몰려들어 북새통을 이루었다. 닛칸 스포츠와 산케이 스포츠 등 일본의 주요 매체들도 직접 취재를 통해 촬영현장을 소개하는 등 '사랑비'와 장근석-윤아에 대한 높은 관심과 기대감을 나타냈다.

이렇게 한국 드라마 내 일본 로케이션은 일본 내에서도 유명한 관광지로 자리매김하였고, 한국에서도 이 드라마 명소를 관광하기 위한 투어와 수학여행 등이 기획되었다.

'사랑비' 한 장면

토리누마공원(후라노)

여름의 토리누마공원

이제까지 한류 드라마의 촬영지를 중심으로 소개했다.

이제 조금 더 색다른 BTS와 관련된 일본 내 한류 명소에 대해 이야기하고자 한다.

네이버의 자회사인 라인에서 2019년 검색키워드 랭킹을 발표했는데, 연령별, 성별로 나눠사 각각 베스트 10을 발표했다. 모든 연령층에 한국 관련 키워드가 있을 정도로 현재 일본에서는 한국에 대한 관심도가 높은 상황인데, BTS에 관해서는 10대와 50대를 제외한 모든 연령층에서 무려 1위라는 사실은 주목할 수밖에 없다.

BTS 멤버가 방문한 가게나 장소는 그들의 팬들에게는 성지로 인식되고 있는데, 도쿄타워에 있는 한 음식점을 필두로 오사카의 미국촌, 후쿠오카에 있는 음식점, 카페 등 인스타그램 등에서 게시된 정보를 팬끼리 공유하고 BTS의 발걸음을 따라가는 한류 관광지로 정착되고 있다.

일본의 한 음식점을 방문한 BTS

2장
지한파(知韓派) 일본인 추천 관광, 체험

2007년에 한국관광공사의 조사 보고에 따르면 한국을 방문하는 일본인 관광객의 추이는 제1세대 남성의 '사업상 여행', 제2세대 젊은 여성의 '쇼핑목적 여행', 제3세대 중년여성의 '한류여행'으로 변화해 왔으며 향후 실버층의 '역사·문화 기행'이 부상할 것으로 예상했다.

아무튼 이제까지 다양한 연령층의 관광객들이 한국을 방문하고 있고, 앞으로도 각각의 개성에 맞게 개인여행이 이루어질 것이다. 여기서는 한국에 거주하는 일본인들이 추천하는 관광지나 레저, 액티비티를 중심으로 소개하고자 한다.

먼저 한국에는 새해가 두 번 있다. 한국에서는 큰 명절은 주로 음력으로 지내기 때문에 음력 1월 1일과 양력 1월 1일 두 번에 설날에 적지 않은 사람들이 새해 첫 일출을 보기 위해 아름다운 일출 장소를 찾아 가기도 한다. 그중 대표적인 명소가 정동진이다.

정동진은 강원도 바닷가에 있는 도시 강릉에 있다. 강릉의 인구는 약 21만명(2016년 현재)이고 원주시, 춘천시에 이어 3번째 도시이다. 강릉 남동부 바닷가에 있는 정동진역은 '세계에서 가장 바다에 가까운 역'으로 기네스북에 등재되고 있다. 정동진은 해수욕 시즌인 여름방학은 물론 특히 1월 1일 새해 첫 일출이 아름다운 곳으로 유명하다.

정동진의 일출 풍경

새해와 연말, 방학마다 정동진 일출을 보기 위해 전국에서 사람들이 몰려든다. 정돈진 일출은 단연 명품이다. 한국에서 일출을 보는 행위는 단순히 아름다운 것을 감상하는 것뿐 아니라 새로운 시작, 밝은 미래를 상징하는 하나의 의식(儀式)과도 같은 행위이다.

서울에서라면 청량리역에서 밤 열차를 타고 갈 수 있다. 밤 11시 반쯤 출발하면 아침 4시 반쯤이면 도착한다. 산을 넘기 때문에 열차로 가면 5시간 정도 걸리고 자가용이라면 3시간쯤 보면 된다. 정동진은 조선시대부터 유서 깊은 해변이다. 정동(正東)은 '眞東'을 의미하는데 경복궁에서 바로 동쪽에 위치한다고 하여 이름이 지어졌다.

한국의 동해안에는 관광열차인 '바다열차'가 하루 두 번 왕복하고 있다. 정동진역에서 삼척역까지 약 42킬로의 바닷가 길 구간을 약 1시간 20분 운항하는 관광열차로 모든 좌석이 바다쪽을 향하고 있다.

바다열차

바다열차는 동해안 해안선을 따라 달리며 동해의 바다를 한눈에 즐길 수 있는 특별 관광 열차이다.

일본인뿐만 아니라 외국인들에게 인기가 있는 DMZ 투어. 지구상에서 아직 유일하게 분단되고 있는 한국과 북한. 필자가 대학생이였던 젊은 시절에는 한반도가 분단국가인 것도 몰랐고 군복무가 온 국민의 의무라는 것도 몰랐다. 한국에 오면서 분단국가의 일면을 여기저기서 느끼게 되고 최근에는 탈북을 해서 한국에 정착한 작가분을 알게 되어 이야기를 나누니 상상할 수 없을 정도로 힘든 장애를 넘어 평범한 생활을 얻게 된 것 등과 지금도 가장 가까운 곳에서 기본적인 인권도 침해당하며 살아가고 있는 사람들이 있다는 것을 알게 되었다.

DMZ란 1950년 6월 25일에 발발한 한국전쟁으로 분단국가가 된 한국과 북한인데, 정전협정에 의해 마련된 북위 38도선 부근에 있는 군사 경계선을 끼고 남북 각각 2km로 총 4km에 걸친 지역이다.

남북 분단의 현장이라고 할 수 있는 DMZ에는 군사 경계 선상에 있는 방문점이나 북한이 한국 침략을 위해 판 '남침 터널' 등 긴장과 대립을 상징하는 다양한 시설을 구경할 수 있는 데다가 사람에 손이 닿지 않은 아름다운 자연을 만끽할 수 있는 명소들이 있다.

DMZ 사진

비무장지대 군사분계선과 인접지역 자연환경 모습이다. DMZ 인접지역에는 동식물 2,930여 종이 서식·분포하는 매우 중요한 자연생태지역이다. DMZ에 서식하는 동식물은 한반도에 전체의 30%에 해당하며 두루미, 산양 등 멸종위기종 82종이 포함돼 있다.

DMZ에서는 임진각 관광지, 평화누리, 판문점, 통일동상 등 역사와 결합한 다양한 관광 문화를 즐길 수 있다. 각종 야생동식물, 자연경관과 북한의 모습까지 관람할 수 있는 DMZ는 다양한 연령대의 한국인과 외국인들에게 인기가 있다. DNZ 내에 있는 통일전망대와 DMZ 박물관에 들어가기 위해서는 별도의 출입신고를 해야 한다.

비무장지대 군사분계선과 인접지역 자연환경

한국에서 즐길 수 있는 대표적 액티비티 소개

한국에서도 요즘은 다양한 액티비티를 즐길 수 있는 기회가 많아지고 있는데, 그중에서도 대표적인 액티비티와 명소를 소개하고자 한다.

가평 수상레저

바나나보트를 즐기고 있는 사진이다. 야외 북한강에서 20,000~30,000원 정도의 가격으로 워터파크, 워터슬라이드, 트램펄린, 블롭점프, 디스코팡팡 등 각종 수상레저를 무제한으로 즐길 수 있다.

7~8월을 중심으로 가평은 호황기를 누린다. 일명 '빠지'라고 불리는 가평의 수상레저는 각종 수상레저를 중심으로 젊은이들의 큰 인기를 누리고 있다. 북한강이 넓게 펼쳐진 가평은 '펜션'과 '수상레저'가 발달하여 도시의 청춘들이 휴가를 즐기는 명소가 됐다.

또한 가평에는 아름다운 자연환경과 여러 페스티벌의 중심지가 되는 '남이섬'이 있어서, 수상레저와 함께 관광하기 좋은 지역이다.

여수 스카이워크와 공중그네

"여수 밤바다~ 이 바람에 걸린 알 수 없는 향기가 있어."

한국 유명 밴드 가수 버스커버스커의 '여수 밤바다' 가사 중 일부이다. 여수는 남해안 중앙의 여수반도에 위치해, 동쪽과 남쪽에 바다를 끼고 있다. 여수는 해변과 공원, 섬이 즐비해 있고, 공중그네와 짚라인, 스카이 워크 등 공중익스트림 체험 또한 할 수 있다. 바다를 아래 두고 공중에서 체험하는 엑티비티들은 탄성을 절로 불러일으킨다.

통영 루지

통영은 한반도 끝 쪽에 위치한 해양도시이다. 통영은 해안을 중심으로 한 해상공원, 이순신 공원, 해저터널, 출렁다리 등을 즐길 수 있으며 41개의 유인도, 109개의 무인도를 포함하고 있어,

다양한 종류의 '섬' 생활도 체험해 볼 수 있다. 통영의 자연과 산맥을 활용하여 긴 트랙을 타고 직접 운전하는 '루지'와 미륵산에 설치된 '케이블카' 등 통영의 액티비티를 즐길 수 있다.

단양 패러글라이딩

단양 패러글라이딩은 약 600m 이상 되는 산맥에서 이루어진다. 앞에는 소백산맥, 뒤로는 태백산맥으로 이루어진 단양의 거대한 자연환경이 만들어낸 관광문화이다.

가격은 코스와 동영상 촬영 시간, 비행 방식 등에 따라 상이하지만, 일인 기준 대략 80,000~200,000원 선에서 즐길 수 있다.

단양에서는 패러글라이딩을 중심으로 스카이워크, 짚와이어, 알파인코스터, 고수동굴 등 자연환경을 활용한 관광이 발달돼 있다.

하동 짚라인

하동짚라인은 함양대봉산휴양밸리에서 자유비행 방식으로 거리 3.27km, 고도 1,228m로 국내 최장 거리와 최고도를 자랑한다.

액티비티 경험과 함께 주변의 역사적 관광명소나 자연광경으로 유명한 명승지를 찾아가면 보다 유익한 여행이 될 것이다.

젊은 사람들이 활동적인 여행을 즐긴다면 중, 노년층이라면 추천하고 싶은 곳이 경동시장이다.

일본 영화배우이며 예능계에서 '한국통'으로 알려진 쿠로다 후쿠미씨는 2020년에 20년 이상 취재, 경험한 한방의학에 관한 책 "한방 안내"를 출판했다.

지한파 배우 쿠로다 후쿠미 씨

쿠로다 후쿠미 씨는 30년 이상 한국과 일본을 왕래하면서 한국 문화는 물론, 한방의학에도 관심이 높아 한국과의 인연을 이어오고 있다. 그녀는 2011년에는 한국정부로부터 '수호장흥인장'을 서훈했고. 2002년 FIFA월드컵 일본조직위원회 이사, 한국관광 명예홍보대사, '한일교류축제' 실행위원을 비롯해 여수 엑스포 홍보대사 등 역임했다.

한국어도 능통하고 한국문화를 일본에 소개해 온 쿠로다 후쿠미씨는 이 책을 통해 한국의 우수한 한방의료와 한방 약재, 건강식품까지 '서울에서 아름답게, 서울에서 건강하게'로 홍보하고 있다.

이 책에서 그녀는 일본인들에게는 낯선 한방의 역사나 치료법의 소개는 물론, 한국식 한방을 완성한 허준과 이제마의 위대한 업적을 소개하고 있다. 그녀는 이 책에서 한국 여행에서 한방을 아낌없이 즐기는 방법을 소개하고 있다.

그녀가 한방에 관심을 가지게 된 계기는 1984년에 처음으로 한국을 방문했을 때 당시에는 한글도 읽을 수 없었으나 여러 번 다니면서 거리 곳곳에 '한방의'라는 글자를 자주 보게 되어 도대체 '한방의'란 무엇인가 하는 호기심이 계기가 되었다. 일본에서도 침구술을 다루는 업계가 있는데 일본의 경우 침이나 뜸을 다루는 사람은 의사는 아니다. 그러나 중국이나 한국에는 한의대라는 전문코스가 따로 있고 거기서 6년 동안 공부를 하고 면허를 취득하고 한의사가 되는 코스가 있다.

그리고 한국에서는 일본에서 치과처럼 동네 여기저기에 한의원이 있고 어릴 때부터 한약을 일상에서 복용하는 습관이 있다. 손가락을 삐거나 하는 간단한 부상 시는 정형외과보다는 가까운 동네 한의원에 다닌다는 이야기를 듣고, 한방이라는 일상적인 장르가 한국에 있다는 것을 알고 신선하게 느꼈다.

한국에서의 한방(漢方)의 추세는 한반도의 의학은 오랫동안 漢方 의학이 중심이었다가 일본식민지 체제로 되면서 서양의학이 중심이 되었다. 일본통치로부터의 해방이 한방 부흥의 계기가 되고 1951년 '한방의제도'가 검토되면서 국민투표로 복권하게 되었다. 한방의가 의사로 인정받게 되었으며 전국에 12개 한

쿠로다 후쿠미 씨의 저서 '한방안내'

의대가 있다. 6년 과정을 거쳐 국가 시험 합격 후, 평균 3~4년간의 인턴을 거쳐 의사가 되는 시스템이다.

한국에서 일상생활의 한 단면이 되는 한방에 대해 제대로 알고 싶은 마음으로 이 책을 펴냈다. 이 책에서는 한국식 한방이 어떻게 발전되었는지, 일본과 한국의 한방에 차이나 공통점이 무엇인지 서로 어떻게 영향을 끼쳤는지 등 조명하고 있다.

한국 사람들은 너무나 일상 속 가까이 있어서 그다지 의문을 가지지 못하는 부분, 예를 들어 한방차와 한약에 차이는? 한방차와 전통차는 무엇이 다른가, 애매한 부분을 확실하게 알려고 저자는 취미의 영역을 벗어나 일반인 기준으로 전문적인 탐구를 했다. 한방은 인체를 통합적으로 포착하여 관리하는 방법인데 일본에는 전문의로서의 한방의가 없다. 양약만을 사용한 치료에 한계를 느낀 의사들이 한방의학을 연구하기 위해 한국을 종종 방문하고 있다. 일반 일본인들도 한방 다이어트나 화장품, 건강식품에 관심을 두고 있는 사람들이 많다.

漢方이란 韓方의 차이는 무엇일까? 漢方은 약 2000년 전 漢의 시대에 확립된 中 醫學이다. 이 한방은 한반도를 경유해서 일본에 5~6세기경에 전해졌다. 그 전에 일본에도 의학은 있었는데 한방이 전해지면서 조금씩 주류의 자리를 차지하게 되었다.

漢方이라는 말은 에도 시대 중기쯤 사용하게 되었다. 쇄국정치를 폈던 당시 일본에는 나가사키를 통해 네덜란드의 학문이 수입되었고 네덜란드의 의학은 蘭方이라고 하는 데 대해 그때까지 의학과 차별하기 위해 漢方이라고 불렀다.

1986년부터 한국에서는 자국 특유의 한방의 정체성을 회복하는 의미에서 '韓方'이라는 용어를 사용하게 되었다.

韓方 체험하기

일본사람에게는 낯선 한방을 어디서 어떻게 체험해야 하는지는 쿠로다 후쿠미 책에 자세히 소개되고 있다.

경동시장 약령시장

경동시장에 가면 모든 것을 체험할 수 있다!

대로를 끼고 한쪽에는 재래시장이 또 한쪽에는 약령시장이 위치하고 있다. 아주 광대한 시장에서는 여러 가지 약재나 화장품 등을 팔고 있다.

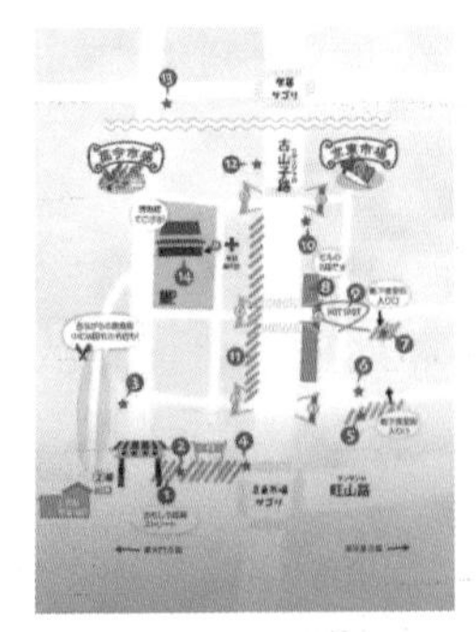
쿠로다 시 책에 소개되고 있는 맵

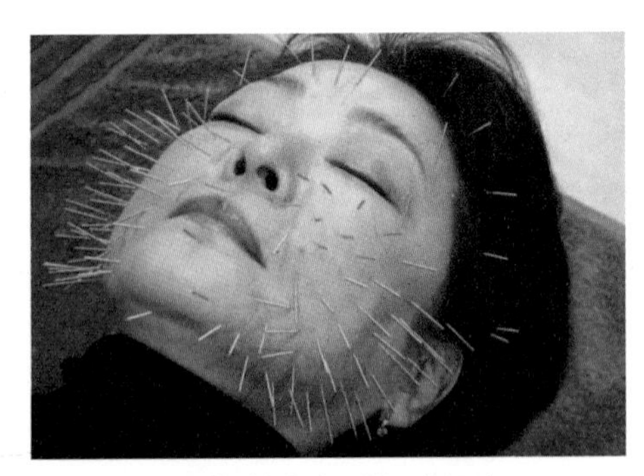
미용 침 시술을 받고 있는 저자 모습

후반부에는 저자가 직접 가본 한의원 중 특징적인 세 군데를 소개하고 있다. 사진은 미용 침 시술을 받는 모습이다.

여행을 갈 때는 첫날에 경동시장에 가서 진찰을 받아 한방약을 지우면 그다음 날에는 호텔에 배달해주는 서비스도 있기 때문에 귀국 시에 휴대해 갈 수 있다.

일본인들이 많이 찾아오는 곳에는 일본인 스태프도 있지만, 최근에는 라인으로 한의사 선생님과 고객이 번역 툴을 사용하면서 대화를 할 수 있다.

3장
한일 대학생들의 한류에 대한 시각

2010년도 중반쯤에 필자가 맡은 강의 중 4학년 과목에 '한일현대문화 커뮤니케이션'이라는 과목이 있었다. 당시 약 20명의 한국 학생들이 참여하는 이 수업에 일본에서 교환학생으로 와 있었던 5명의 일본인 학생들이 합류하게 되어 개인별로 혹은 그룹별로 여러 테마를 중심으로 여러 과제를 수행했다.

출신국가나 남녀구분, 연령 등에 따라서 개인마다 각각 특성들이 있지만, 그러나 역시 한국인과 일본인이니까 다르다고 할 수 있는 부분이 확실히 있다. 가령 어릴 때의 가정교육을 한 예로 든다면 일본인들은 가정에서 '남에게 폐를 끼치지 마라'고 가르친다면 한국인은 '아이들의 기를 죽이면 안 된다'라는 생각이 강하다.

필자가 약 30년 동안 대학 강단에 서면서 느끼는 한일 양국 학생들의 특징적 차이도 그런 부분에서 오는 영향이 적지 않다고 실감하는 경우가 많다. 그래서 자주 이렇게 생각하기도 한다. '한국 가정교육과 일본 가정교육 중간 정도를 가면 이상적인 인간성이 형성되지 않을까?' 하고.

이 장에서는 한국인 학생들과 일본인 학생들이 같은 공간에서 머리를 맞대어 수행한 과제물 일부를 소개하면서 현재 젊은 이들이 중심되어 이끌어가고 있는 한류 관광의 가능성을 더욱 세밀하게 바라볼 기회가 되기를 바란다.

먼저 일본학생인 나츠미씨의 소감문을 소개한다.

> 후반 수업에서는 그룹으로 나누어 발표했는데 저에게 가장 인상 깊었던 것은 일본과 한국 문화의 차이에 관한 발표이다. 저는 한국에 유학 온지 3개월 지났는데 처음 한국에 왔을 때 일본과의 차이에 대해 느끼는 일이 많았다. 이웃 나라인데 이렇게나 다른가 하며 당황하고 놀랐던 기억이 있으며, 이러한 새로운 발견을 했던 것을 이 발표를 들으며 자연스레 떠올렸다. (중략)
>
> 그 중 연애관계, 남녀 관계에서도 큰 차이를 느꼈다. 한국에서는 여자친구의 무거운 짐은 남자가 들어주는 것이 당연한 것 같은데 일본에서는 아니다. 한국에서는 역시 제가 무거운 짐을 가지고 있을 때 남자들이 잘 들어줬다. (중략) 밥을 먹을 때도 물을 따라주거나 고기를 구워주거나 샐러드를 덜어주거나 한국에서는 남자들이 적극적으로 행동한다. 그러나 일본에서는 그런 일은 여자가 하는 것이라는 이미지가 있어 저는 다소 어색함을 느꼈고 왠지 안절부절하고 미안한 마음이 들었다.

한국과 일본의 문화의 큰 차이는 접객 부분에도 있다. 일본에서는 '손님은 하나님'이라는 말이 있을 정도로 접객이나 서비스에는 상당히 엄격하다. 한국에서는 일하면서 휴대폰을 만지거나 밥을 먹거나 하는 광경을 자주 보았다. 그리고 한국에서는 음료를 무료로 서비스해주거나 하는데 일본에서는 안 그렇다. 한국과 일본은 서비스의 형태가 다른 것도 문화 차이라고 생각한다.

다음은 사키씨의 소감문이다.

각 그룹의 발표를 즐겁게 듣고 많은 것을 알 수 있는 계기가 되었다. 가장 흥미로웠던 것은 텔레비전 프로그램 비교였다. 최근 한국의 방송의 키워드는 '먹다', '요리'였다. 이러한 경향은 경기가 안 좋고 외식으로 돈을 쓰기보다 집에서 요리하고 만족도를 높이는데 관심이 집중하고 있기 때문이다.

이에 비해 일본은 '세계', '글로벌'이 유행이다. 세계에 관심을 가지는 것은 좋은 일이지만 각 나라의 좋은 점보다 일본의 위대함을 전달하려는 의도가 보이는 부분은 다소 납득이 안 간다. 그리고 일본 방송에는 트렌스젠더가 자주 출연하는 것을 한국 학생들에게 지적받아 처음으로 의식했다.

요즘은 어느 바라이어티를 보아도 한 명 정도는 그런 사람이 출연하고 있는 것 같다. 한국인 학생으로부터 종교에 관심이 없어서 그런 것이 아니냐는 말을 듣고 그런 시각도 있구나 하고 생각했다. 아마도 현실적으로 그런 사람들이 늘어나는 추세에 있어서 그럴 것 같다. 그러나 한국에서는 그런 사람들을 방송에서 거의 볼 수 없다.

그리고 일본과 다르다고 생각했던 부분은 오디션 프로그램이 많다는 것이다. 어학당 선생님 소개로 슈퍼스타 K7 수록을 보러 갈 기회가 있었다. 밤늦게 생방송을 하는 것도 놀랍고 출연자가 프로가 아닌데도 팬들이 많이 있어서 놀라웠다. 일본에서는 오디션 방송은 많지 않고 노래자랑과 같은 단발적 방송 형태가 흔하다.

한국과 일본 아이돌과 팬의 관계를 비교하면 한국은 완벽한 모습으로 데뷔하고, 컴백할 때마다 다른 모습을 팬들에게 보여주는데 일본은 미숙한 모습으로 데뷔하고 팬들과 함께 조금씩 성장하는 것 같다. 한국인들은 프로다운 완벽함만을 선호하는 줄 알았는데 오디션 프로처럼 일반인이라도 능력이 뛰어나면 선호한다는 것을 알았다. 일본에서는 연예인과 일반인은 큰 격차가 있어 일반인에게는 대부분 흥미를 가지지 않는다. (생략)

한국 방송프로그램 '냉장고를 부탁해

요코 씨는 리포트에서 '무한도전'을 통해 예를 들어 단어 퀴즈나 전통놀이 게임 등을 통해 한국의 일상생활을 알 수 있는 방송이라고 하면서 개인적으로는 연예인의 집에 가서 냉장고를 열어 거기에 있는 재료로 일류 셰프들이 요리 솜씨를 선보이는 '냉장고를 부탁해'를 좋아한다고 했다.

한국 방송에서 연예인의 사생활이 모두 공개되는 부분에 있는데, 한국 학생인 현정씨 의견은 다음과 같다.

> 우리나라는 최근 들어 가장 인기가 많은 예능 프로그램이 연예인들의 집을 공개하거나 가족들을 공개해 함께 여가를 보내는 것들이다. 연예인의 사생활이 굉장히 노출되고 연예인의 육아 방법에서 파생되는 고가의 옷이나 장난감, 소품들이 눈에 띄면서 대한민국 육아에 문제점이 생기기도

> 한다. 또한 과거에 노출되었던 평소 집이나 가족들 공개가 훗날 지금에 와서 루머가 떠도는 경우도 많다. 그런데 일본의 경우에는 방송인들이 본인의 집이나 아이가 방송에 출연하는 것을 싫어한다고 한다. 이런 부분을 보면 일본은 자유분방하고 남의 사생활에 크게 신경 쓰지 않는 문화인 듯하다.

이 문장에 이어 현정씨는 전통문화 발표를 들은 소감을 다음과 같이 적었다.

> 한 학기 발표 들으면서 강의 시간마다 일본에 대해 배우고 싶은 부분이 전통의상이다. 저는 한복을 초등학교 이후로 입어본 적이 없다. 그런데 일본은 유카타를 축제나 평소에도 즐겨 입는 것을 보고 제 자신이 창피했다.
>
> 작년부터 우리나라 관광지를 가면 한복 대여, 한복 입고 사진 찍는 곳을 많이 볼 수 있다. 전주 한옥마을에 놀러 갔을 때 나는 너무 부끄러웠다. 우리나라 학생들이 한복을 입고 돌아다니는데 입는 방법대로 입지도 않고 한복 입고 머리도 풀고 옷고름도 이상하게 매고 있었다. 반대로 외국인 관광객들은 머리도 묶고 한복도 방법에 맞게 입고 있었다.
>
> 행사가 있거나 축제가 있어도 이제는 드레스를 더 많이

입고 오히려 그런 자리에 한복을 입고가면 시선 집중이 되는 것이 잘 이해가 가지 않았다. 패션이 다양화되어서 한복을 현대화 시켜 원피스로 만들어 파는 가게도 많이 늘었다. 우리나라도 일본처럼 전통의상을 평소에도 많이 입고 바르게 입었으면 좋겠다. 친구들 발표를 통해 두 국가의 문화도 알고 서로 배워가는 시간을 가질 수 있어 유익했다.

현정씨 말처럼 일본은 전통의상인 기모노를 입는 기회가 생활 속에서 많은 편이다. 한국에서도 그렇게 된다면 한국인들에게는 아름다운 전통을 잘 이어가는 좋은 기회를, 외국 관광객들에게는 한국의 전통의상을 아름답게 관상하고 경험하는 기회를 제공하는 좋은 일이 될 것 같다.

일본 학생들이 놀라는 것 중 한국의 술 문화가 있다. 이 수업에서도 발표되었는데 소개를 하면 다음과 같다. 이 조는 '놀이 문화'라는 주제로 발표를 했는데, 영화, 노래방, 술, 스티커사진, 옛날 놀이 순서대로 소개했다. 학생들은 일본 술 문화가 댄스, 노래, 개그, 장기자랑과 같은 유흥요소로 이루어진다고 정리했고 한국의 경우 술 게임이 특징이라고 소개했는데, 필자도 학생들과 모임에서 경험해봤지만, 그 다양함과 속도에는 도저히 따라갈 수 없었다.

학생이 발표한 한국 술문화 자료

한국의 술게임 소개

그들이 수업에서 소개한 게임은 '배스킨라빈스 31'과 '만두 게임'이다. '배스킨라빈스 31'은 술자리에서 가장 무난하게 즐길 수 있는 간단한 게임이라고 한다. 방법은 여러 사람이 둘러앉아 최대 3개의 숫자를 말할 수 있는데 마지막 숫자 31일 말하는 사람이 이 게임에서 패자가 된다. 말을 하지 않는 경우는 없고 한 사람이 1개나 2~3개의 숫자를 말해야 하는데 예를 들어 자기 앞사람이 12, 13을 말했다면 다음 사람은 14라고 하거나, 최대 14, 15, 16까지 말할 수 있다. 앞사람이 2개의 숫자를 말했기 때문에 1개나 3개의 숫자를 말할 수 있고, 이 사람이 1개의 숫자를 말했으면 다음 사람은 2개나 3개의 숫자를 말해야 하는 방식이다. 보통 지는 사람은 술 마시기와 같은 벌칙을 받게 된다. 인터넷을 찾아보면 이 게임에 이기는 비법 같은 것도 소개되어 있다.

만두게임은 손을 모두 만두모양으로 오므린 후 인원수의 5의 배수 숫자를 외쳐서 부른 숫자가 되면 그 사람은 제외가 되는 게임이다. 숫자를 외칠 때 (5명이면×5=25) 손을 오므리면 0 피면 5로 계산을 하는 것이다. 글로 설명하면 무슨 게임인지 헷갈릴 수도 있는데 이러한 게임을 소개하는 영상이나 웹사이트들이 다수 있다. 어떤 대학에서는 MT 자료로 술 게임 방법 수십 가지를 정리해서 공지하는 경우도 있을 정도로 젊은 사람들 사이에 술 문화는 술 게임으로 정착되어 있다.

필자도 여러 상황에서 한국인과 일본인들이 술자리를 함께하는 경우를 보았는데 대체로 한국 사람들은 술에 강하다. 개인적인 생각으로는 아마도 마늘을 많이 먹고 자라서 술에 강한 체질이 갖춰져 있는 것으로 생각하는데 진위는 알 수 없다. 한국 사람들의 성격이 흥겨운 것이 특징 중의 하나로도 꼽을 수 있을 것 같은데 술과 잘 어울리는 부분이라고 여긴다.

일본인들은 남에게 폐를 끼치지 않으려고 본인의 욕구를 억누르고 있다. 그래서 한국인과의 술자리에서 상대의 강요로 술을 받아 마시며 즐겁게 취하고 싶은 욕구가 숨겨져 있을 것이다. 필자가 양국 교류 행사 등에서 술자리의 기회에 동석할 때가 있는데, 한국 쪽 사람들이 폭탄주를 만들어 화려하게 선보인다.

일본 쪽 사람들은 그 모양을 신기하게 쳐다보다가도 크게 즐거워하며 서서히 그 분위기 속으로 묻어간다. 일본인들의 반응이 좋아 분위기는 점점 고양해가며 도미노주, 회오리주 등 온갖 퍼포먼스가 이어지며 일본 쪽 사람들은 하나둘씩 쓰러져 가지만 한국 사람들은 끝까지 주도권을 이어가는 것을 보면 민족적으로 술이 강하다.

다음은 수업 전체를 돌이켜 보면서 쓴 현주 씨의 리포트 내용 일부다.

> 스스로 발표했던 것, 친구들의 발표를 들으면서 가장 많이 느낀 것은 다름 아닌 '우리나라와 일본은 정말 다양하고 많은 분야에 연관되어 있다'라는 것이다. 특히 음악, 드라마, 영화와 같은 부분에 많은 영향을 서로에게 끼쳤다고 생각했다. 일본은 독특하고 신선한 소재의 만화나 드라마가 많다고 생각을 한다. 그리고 실제로 우리나라에서 많이 리메이크하거나 아이디어를 얻어오는 것을 알고 있었다. 그런데 이번 친구들의 발표를 들으면서 우리나라뿐만 아니라 일본에서도 우리나라에서 아이디어를 얻거나 리메이크를 해서 드라마나 영화를 만드는 것을 처음 알았다. 심지어 노래까지 영향을 끼쳤다는 것을 처음 알아서 신기하고 놀라울 따름이었다. 그리고 앞서 말했다시피 어렸을 때 일본 만화책을 많이 보고 자라서 친구들 발표 속에서 일본 만화 원작으

로 한 드라마나 영화가 소개될 때마다 반가웠다. 'NANA'나 '아름다운 그대'등 즐겨봤던 만화를 원작으로 한 드라마나 영화가 소개될 때 다시 보고 싶다는 생각도 들고 만화책으로 봤었는데, 친구들이 소개한 드라마나 영화로 봐도 좋겠다고 생각했다.

내가 초등학교 중학교 때만 해도 일본 콘텐츠나 연예인 등이 우리나라에서 인기가 상당했던 것으로 기억된다. 물론 지금도 많은 인기를 누리고 있지만, 그 당시에 더욱 컸던 것 같다. 나도 처음 일본 문화를 접하고 일본 드라마나 영화를 몇 개 봤었다. 그리고 아라시라는 그룹에 마츠모토 준이라는 가수이자 배우를 좋아했었다. 지금은 예전만큼은 아니지만 마츠모토 준에 관한 기사를 접할 때면 관심 있게 보는 정도이다. 그런데 이번 친구들 발표에서 드라마 주인공이나 동영상 CF 속에 마츠모토 준이 몇 번 등장해 좋았고 다시 옛 감정이 살아나는 기분이었다. 발표를 통해서 문화에 대해 아는 것뿐만 아니라 옛 추억여행을 하는 기분도 들어 다양한 기분과 감정을 공유할 수 있게 해주어 좋다.

들었던 발표 내용 중 가장 인상 깊었던 것은 일본학생과 한국 학생을 비교한 내용이었다. 일본에서도 대학교 생활을 해보고, 한국에서도 대학교 생활을 하는 친구이다 보니 실제로 공감 가는 부분도 많고 재미있게 잘 발표해 인상 깊었다. 일본에 가본 적도 없고 대학 생활은 더욱이 알 길이 없

> 어서 모르겠지만, 발표를 통해 간접적으로나마 일본 대학생들은 어떻게 하고 다니고 어떤 생활을 하는지에 대해 들을 수 있어서 좋았다. 한국 학생들에 대한 발표는 너무 잘 파악해서 공감 가는 부분이 많았고, 일본 학생 눈으로 바라봐도 똑같다는 점이 신기하고 재미있는 점이었다. 너무 디테일한 부분까지 파악해 놀라웠다. 특히 한국 학생들은 운동화가 색이나 종류를 다양하게 신고 다니는 점을 파악한 점이나 화장을 할 때 입술에 포인트를 준다는 점 등 세세한 부분까지 관찰했다는 것이 느껴졌다.
>
> 주로 일본문화에 대해 발표하다 보니 일본문화에 대해서만 알 줄 알았는데, 우리나라 문화에 대해서도 다시 생각해보거나 몰랐던 부분을 알 수 있는 유익한 수업이다. 더욱이 일본인 친구들과 대화를 통해 공감하고 공유할 수 있는 부분이 특히 재미있고 좋다. 앞으로도 다양한 주제로 더 풍성하고 재미있는 문화에 대해 알 수 있었으면 좋겠다.

이렇게 일본 대학생들과 한국 대학생들이 느끼는 문화의 특징과 차이점을 알아보았으며, 한일 대학생들이 느끼는 한류문화를 사례를 통해 탐구해보았다. 대학생들이 느끼는 한류문화는 전통과 현대의 융합, 음주문화, 외국 문화의 리메이크, 패션 등 다양한 분야에서 특징이 두드러졌다. 한국의 문화, 교육 특성과 맞물려 현 한류문화를 보다 세밀하게 관찰하여 미래의 한류문화에 가능성을 계속 지켜봐야 할 것이다. 나아가 한일 역사적, 정치적 갈등을 배우고, 과오를 인정하여 차세대 한류에서는 불쑥불쑥 짙어지는 양국의 혐오정서를 씻어내고 건강한 한일문화를 주도하는 리더로 자라나기를 기대해본다.

4장
K-무비를 넘어 K-북으로

한국 영화 최초로 칸 국제영화제에서 황금종려상을 받은 영화 〈기생충〉. 프랑스 칸에 이어 현재 북미대륙에서 상당한 주목을 받고 있다. 그런 〈기생충〉을 테마로 한 관광코스가 있는데,

영화 〈기생충〉 촬용지 탐방코스

돼지쌀슈퍼(우리슈퍼)-기택 동네 계단-자하문 터널 계단-스카이피자(피자시대) 탐방코스가 서울 대표 코스이다.

영화 장면 중, 거센 비로 캠핑을 취소하고 돌아온 박 사장 가족을 피해 기택네 가족이 도망 나와 달려가던 장소인 지하문 터널 계단.

봉준호 감독은 이 가파른 계단을 통해 계층의 차이를 표현하려고 했다. 터널 내부는 영화에서 보던 장면만큼이나 스산한 느낌이 있는데 흐린 날이면 오싹함이 한층 살아난다. 주변에는 경복궁이나 서울미술관이 있어 함께 둘러보기에 좋은데, 인근 윤동주 문학관은 특히 일본인들 팬이 많은 윤동주의 관련된 여러 가지 자료를 제공하고 있어 문학을 좋아하는 관광객에게 좋은 볼거리가 된다.

자하문 터널 계단

K-무비의 위력은 대단하다. 한국의 영화 기술은 상당히 뛰어나고 한국 사람들이 영화를 사랑하는 만큼 질이 좋은 영화로 세계 사람들의 관심을 끌어모으고 있다. K-무비는 한류 관광에 중요한 콘텐츠인데 향후에는 문화적으로 한 단계 업그레이드된 문학작품을 소재로 한 한류 관광 콘텐츠가 다수 개발되어 문학을

사랑하는 세계인들의 관심을 충족시켰으면 하는 바람이다.

필자는 대학원 박사과정에서 연구의 주제를 '한국문단과 일본의 국민시인 이시카와 타쿠보쿠와의 관련성'으로 삼았다. 한국 근대문학자 중 타쿠보쿠를 작품 중에서 언급한 작가들이 몇몇 있는데 그중에 봉준호 감독의 외조부인 박태원(1909~1986)이 있다. 그는 〈소설가 구보씨의 일일〉에서 타쿠보쿠를 등장시켰다. 당시 연구하면서 이 소설 속 장소를 따라가는 관광코스가 있었으면 생각했던 걸 기억한다. 그런데 그것이 현실이 되었다.

2018년 8월 1일 박태원 작가의 차남을 중심으로 멤버들이 한국관광공사에 모여 '구보스데이' 예비모임이 열렸다. 이는 아일랜드 작가 제임스 조이스의 소설 〈율리시스〉의 배경이 되는 6월 16일을 그 주인공 이름을 따 '블룸즈데이'로 기리는 것에 착안한 것이다. 이날 8월 1일은 1934년 〈조선중앙일보〉에 〈소설가 구보씨의 일일〉이 연재된 날이다. '구보스데이'의 핵심 행사는 '소설가 구보씨의 일일'의 주인공의 발길을 따라 서울 시내 중심가를 걷는 것이다.

박태원 탄생 100주년이었던 2009년에는 '구보 따라 걷기' 행사가 개최되었고, 학생들과 일반인들을 포함해 약 100명이 행사에 참여하고 소설의 무대를 함께 걸었던 적이 있다. 소설 속 주요 현장에서 소설의 해당 장면을 낭독하고 전문가의 설명을 들으면서 독자들이 구보의 문학과 서울의 문화 유적에 대해 한층 큰 애정을 지니는 계기가 되었다.

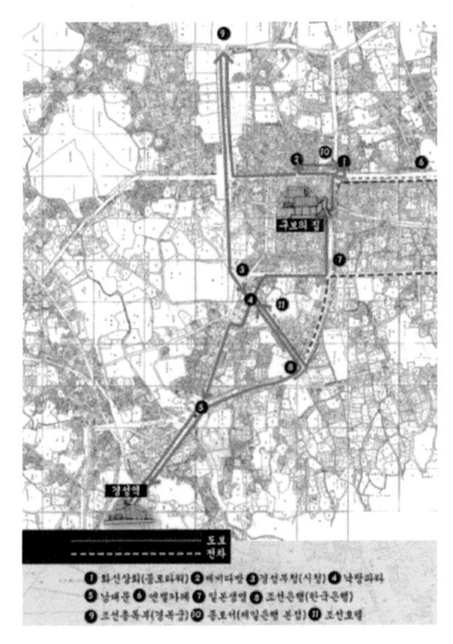

'구보 따라 걷기' 코스
(출처: http://www.hani.co.kr/arti/culture/book/855803.html)

이제 한류문화는 연예계 중심에서 다양한 각도로 그 길을 뻗어가고 있다. 향후 더 다양한 관광콘텐츠가 생길 것이며 필자는 한일 양국 간의 교류가 더 의미 있게 우호적으로 심화되어가기를 바란다.

마지막으로 2009년도 필자가 박태원 소설 〈소설가 구보씨의 일일〉을 이시카와 타쿠보쿠라는 일본의 근대 시인과의 연관성을 중심으로 살펴본 논문을 요약 소개한다.

박태원 소설 〈소설가 구보씨의 일일〉

이 논문은 이 소설 안에 등장하는 타쿠보쿠에 초점을 맞추어 이것이 이 소설 속에서 무엇을 의미하고 어떤 효과를 주고 있는지에 대해 고찰한 것이다.

한국 근대문학자 중에는 김기진이나 백석 등 타쿠보쿠에 관심을 가진 작가들이 있다. 서정주도 그의 시를 애독했다고 하는데 박태원처럼 자신의 작품 속에 타쿠보쿠의 이름이나 작품을 거론하고 직접적으로 등장시키는 케이스는 극히 드물다.

박태원은 근대한국을 대표하는 모더니스트 작가지만, 다양한 모더니즘 기교를 작품 속에서 실험하고 있다. 타쿠보쿠의 이름을 등장시키는 일도 그의 그러한 실험정신에 의한 것으로 사료된다.

"소설가 구보씨의 일일"의 줄거리는 다음과 같다.

이 작품은 전체 30절로 나누어지는데 순서대로 보면 (1)주인공 구보의 어머니는 직업이 없고 아직 결혼도 못 하고 있는 스물여덟의 아들을 걱정하고 있다. (2)아들은 늦게 일어나 집을 나서고, 천변길을 따라 걸으면서 중이질환에 대해 생각한다. (3)구보는 종로로 향하면서 약해진 시력과 행복에 대해 생각한다. (4)전차 안에서 구보는 고독에 대해서 생각하다가 선을 본 여자를 만나지만, (5)구보가 아는 척할까 말까 망설이는 동안에 여자는 전차를 내려버린다. (6)그 여자와 함께 자신의 행복은 가버린 것이 아닐까 생각하다가 (7)일찍이 경험한 첫사랑의 추억을 회상한다. 조선은행 앞에서 전차를 내리고 다방으로 들어가, (8)오후 2시 구보는 젊은이들 틈에서 차를 마시고 자기가 원하는 최대의 욕망에 대해 생각하며 벗을 그리워한다. (9)다방에 들어 온 그 사내는 반가운 사람은 아니었다. 다방을 나온 구보는 화가인 친구를 찾아가지만 만나지 못한다. '모테로노로지오'를 게울리 한 것을 깨달은 구보는 창작을 위해 서소문 방면이라도 답사할까 생각한다. (10)얼마 있다 구보는 걷기 시작한다. 이것 저것 생각을 하는 중에 보통학교 시절의 벗을 만난다. (11)작은 행복을 찾아 남대문으로 향하지만, 고독만 느낄 뿐이다. (12)개찰구 앞에서 반갑지 않은 친구를 만나 억지로 끌려가듯 다방에 들어가 차를 마시고 (13)그들과 헤어지고, 조선은행 앞까지 걸어온 구보는 전화로 벗을 불러낸다. (14)다시 다방에 들어가 벗을 기다리며 강아지와 논다. (15)마침내 시인이며 신문사 사회부 기자인 벗이 왔다. 그는 구보의 소설에 대해 평한다. (16)구보는 벗과 "율리시즈"를 논하다가 어린아이의 울음소리를 듣고 결혼에 실패한 불행한 벗을 생각해낸다. 제임스 조인스에 대한 토론이 무의미함을 느끼고 둘은 다방을 나온다. (17)벗은 집으로 돌아가고, 구보는 종로로 향한다. 그리고 어느 찻집에 들어가 다방 주인인 벗을 기다린다. (18)여자를 동반한 청년을 바라보며, 동경 유학시절을 회상한다. (19)벗을 만나 구보는 설렁탕집으로 향하면서도 계속 동경 유학시절에 만난 여자를 생각한다. (20)그곳을 나와 구보와 벗은 한길위에 우두커니 선다. 서울이 좁다고 생각한 구보는 계속 '도쿄'의 거리를 동경한다. (21)광화문통의 멋없고 쓸쓸한 길을 걸으며 구보는 가엾은 애인을 생각하며 자책한다. (22)이제 어디로 갈 것인가, 망설이며 벗을 생각하다가 벗의 조카아이들을 만난다. (23)그는 다시 벗을 만나기 위해 다방으로 향한다. 전보 배달부를 보면서 소식이 없는 벗들을 생각하고 단편소설을 구상한다. (24)다방에 들어가 벗을 기다리며 그곳을 찾는 사람들을 관찰한다. 보험회사 사원인 중학 동창을 만난다. 구보는 기다리는 벗이 나타나자 단장과 노트를 들고나온다. (25)조선호텔 앞을 지나 밤늦은 거리를 두 사람은 말없이 걷고 있다. (26)벗과 구보는 종로를 배회하다가 자주 가는 술집에 들른다. 늘 보던 여급이 없어 여급을 찾아 나선다. (27)카페에서 구보는 여급을 만난다. 벗과 그 집 여자들과 함께 이야기를 나눈다. (28)그들은 정신병에 관한 이야기를 나눈다. (29)구보와 벗과의 대화를 카페 여급들은 잘 이해하지 못한다. 구보는 노트를 펴서 관찰한 바를 기록한다. 여급들과 놀다가 카페를 나온다. (30)오전 2시의 종로 네거리는 비가 내리고 있다. 내일 만나자는 벗에게는 내일부터 집에서 소설을 쓰겠다고 고한다. 구보는 생활을 하리라 결심하고 어머니에 대한 효도를 생각한다.

이 작품 가운데에는 타쿠보쿠를 포함한 실제 일본인 5명의 이름이 나온다. 순서대로 나열하면 1. 이시카와 타쿠보쿠, 2. 모리타 마사타케(일본의 의학자이며 정신과 의사로 신경증의 정신요법인 모리타 요법을 창시했다.), 3. 오시야 노부코(소설가. 소년잡지의 투서가로 출발하고 "꽃 이야기"라는 소설로 인기를 얻었다.), 4. 아쿠타가와 류노스케(유명한 근대 소설가), 5. 사토 하루오(아쿠타가와와 함께 시대를 짊어지는 2대 작가로 간주하기도 한다.)이다.

박태원 소설가
1909.12.07.~1986.07.10.

이 소설에서 타쿠보쿠의 이름이 나오는 장면은 비교적 앞부분인 8절과 중반부분인 17절이다. 소설에 시작에서 늦게 일어나 집을 나선 구보는 서울의 거리를 걸으면서 병에 대해 생각하기도 하고, 전차에서 우연히 만난 선 본 여자를 만나면서 행복에 대해 생각하기도 하고, 첫사랑에 대해 생각을 하다가 오후 2시경 구보는 어느 다방에 들어갔다. 구보는 거기서 담배를 피우며 커피를 마신다.

그리고 도쿄를 그리워하면서 여행을 떠나는 즐거운 상상을 해본다.

> 구보는 담배에 불을 붙이며 자기가 원하는 최대의 욕망은 대체 무엇일꼬, 하였다. 이시카와 타쿠보쿠는, 화롯가에 앉아 곰방대를 닦으며, 참말로 자기가 원하는 것이 무엇일꼬, 생각하였다. 그러나 구태여 말하여, 말할 수 없을 것도 없을 게다.

다방에 앉아서 여행에 대해서, 그리고 돈이 있으면 어떤 행복을 얼마나 가질 수 있을까 생각하면서 구보가 담배에 불을 붙이는 장면이다. '구보는 담배에 불을 붙이며 자기가 원하는 최대의 욕망은 대체 무엇일꼬, 하였다.' 다음으로 '이시카와 타쿠보쿠는 화롯가에 앉아 곰방대를 닦으며, 참말로 자기가 원하는 것이 무엇일꼬, 생각하였다.'라는 문장을 나열했는데, 여기서 구보와 타쿠보쿠의 관계에 대한 설명은 없다.

이 장면에서 구보는 이 다방으로 들어가면서 거기서 일하는 아이에게 한 잔의 커피와 담배를 청했으니 그 아이가 갖다준 담배에다 불을 붙이는 장면일 것이다. 한편 타쿠보쿠는 화롯가에 앉아 곰방대를 닦고 있는데, 구보가 있는 다방에 화로가 있는지 확인할 길은 없으나 아마도 없을 것 같고 계절도 여름이니 화롯가에 앉아 있는 것은 이상하다.

이 두 사람은 다른 사람이 다른 공간에 존재한다고 생각하는 것이 마땅한데 두 사람은 '자기가 원하는 최대의 욕망'과 '참말로 자기가 원하는 것'에 대해 즉 거의 똑같은 생각을 공유하고 있다. 결국 두 인물은 오버랩되어 있다.

한국 문단에서 1930년대는 근대화의 정착과 식민지하의 민족수난기라는 모순되는 역사적 배경을 갖는다. 하지만 이 상반되어 보이는 두 가지 상황은 30년대의 한국 문단에 모더니즘을 전개하는 요소가 되었다. 1933년 '구인회'로 인하여 한국 모더니즘 문학은 구체성을 띠기 시작하는데 박태원은 그 일원으로 본격적인 문학 활동을 전개했고 모더니즘적인 글쓰기를 한 대표적인 작가다.

박태원이 요시야 노부코나 타쿠보쿠 등의 이름을 도입하면서 연출하고 있는 묘한 효과는 모더니즘의 대표적 기법인 에즈라 파운드의 콜라주의 기법을 연상케 한다. 콜라주의 기법은 예를 들어 신문지로 와인병의 모양을 만들면 그것은 '신문'과 '와인'이라는 두 가지의 독립한 것으로 연상을 유도한다. 그것은 '기묘'라는 감각을 생기게 해 이러한 효과는 회화 이외의 예술분야에서도 사용할 수 있는 보편성을 지니고 있다.

회화에 있어서 발견되 콜라주의 기법이 시에 콜라주의 기법의 발전과 어떤 관계를 맺었는지는 명확하지 않다. 시에 있어서 콜라주의 기법 확립에 기여한 것은 오히려 영화일 것이라고 생각되는데, 시도 영화처럼 시간의 축이라는 직선적 구조를 기본으로 가지므로 양자는 컷과 연으로 대응되는 구조를 가진다고 할 수 있다.

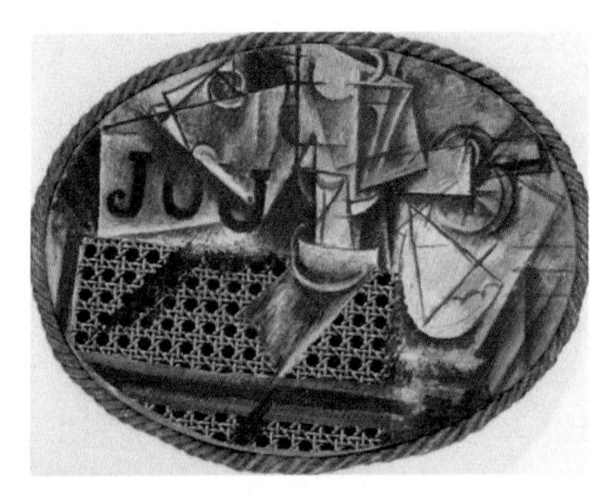

등나무 의자가 있는 정물, 파블로 피카소, 1912

관습과 개방, 슈비터스, 1937년(출처: 미술대사전)

파운드는 1921년에 콕또의 시집을 도회적인 지성의 것이라고 평하고, '도시에서는 여러 개의 시각적인 인상의 연속, 중층, 교차하고, 영화적이다'라고 썼다. 이 파운드의 비평은 콜라주의 기법을 사용한 대표적 詩이자 영화처럼 이미지가 열거된 T.S 엘리엇의 "황무지"에 큰 영향을 준 것으로 알려져 있다.

16절에 다음과 같은 내용이 나온다.

> 구보는 그저 "율리시스"를 논하고 있는 벗을 깨닫고, 불쑥, 그야 '제임스 조이스'의 새로운 시험에는 경의를 표하여야 마땅할 게지. 그라나 그것이 새롭다는, 오직 그 점만 가지고 과중 평가를 할 까닭이야 없지.

"율리시스"와 "소설가 구보씨의 일일"은 두 작품 모두 '어느 청년 작가의 신민지 수도에서의 하루'를 그린 소설이다. 구보 즉 박태원은 '새로운 시험'에 민감했지만, 그런 것들은 무조건 받아들이는 것이 아니라 자신의 평가 기준을 가지고 신중히 받아들이는 작가의 자세를 엿볼 수 있는 부분이다.

박태원은 일본 유학 당시, 최신 예술인 영화나 미술 음악 등 예술 전반에 대하여 더 많은 관심을 기울였고, 영어 능력이 뛰어나고 영문학에 대한 동경을 하고 있었다. 그런 박태원이 특히 조

율리시스 사진

이스가 "율리시스"를 출판하는 것을 도운 파운드에 관해서도 관심을 가졌을 것이라는 상상은 어렵지 않다.

"소설가 구보씨의 일일"은 위에서 언급한 것처럼 도시에 대한 묘사고, 도시자체가 영화적이고, 시적인 것이다. 모던보이답게 박태원은 소설의 무대로 서울을 택하였고, 콜라주의 기법으로 일본 작가들의 이름을 등장시켰다. 그래서 일상을 그린 소설이지만 고급예술과 대중문화를 이어주는 것과 같은 효과를 얻었고, 또한 독자에게 기묘함을 주는 효과까지 획득했다.

두 번째로 타쿠보쿠와 관련된 내용이 나오는 것은 17절인데, 바로 위에서 "율리시스"에 관한 대화를 나누고 있던 친구가 집으로 가는 것을 배웅하면서 다시 거리를 헤매지 않으면 안 될 구보에 비해, 그 벗이 집에 들어가 독서와 창작에 임할 거로 생각하면서 그 벗에는 '생활'이 있다고 부러워하는 한편, 생활을 가진 사람들의 발끝이 모두가 자기 집으로 향하고 있는 것을 생각하면서 문득 구보의 입술에서 타쿠보쿠의 단가가 새어 나오고 있었다.

생활을, 생활을 가진 온갖 사람들의 발끝은 이 거리 위에서 모두 자기네들 집으로 향하여 놓여 있었다. 집으로 집으로, 그들은 그들의 만찬과 가족의 얼굴과 또 하루 고역 뒤의 안위를 찾아 그렇게도 기꺼이 걸어가고 있다. 문득, 저도 모를 사이에 구보의 입술을 새어나오는 타쿠보쿠의 단가---

누구나 모두 집 가지고 있다는 애닯음이여
무덥에 들어가듯
돌아와서 자옵네

그러나 그보는 그러한 것을 초저녁의 거리에서 느낄 필요는 없다. 아직 그는 집에 돌아가지 않아도 좋았다. 그리고 좁은 서울이었으나, 밤늦게까지 해맬 거리와, 들를 처소가 구보에게 있었다.

여기서 인용하고 있는 이 단가는 타쿠보쿠의 제일가집인 "한 줌의 모래"에 수록되어 있는 노래다. 원래 단가는 일행으로 되어 있지만 타쿠보쿠가 새로운 형태로 만든 삼행으로 된 산문적 스타일의 단가는 일본에서 많은 작가들에게 영향을 주었다.

타쿠보쿠는 가정을 사랑하며 아끼면서도 한편으로는 자신의 창작활동에 몰두하는 데는 방해가 되는 가족에 대한 부담감이라는 모순된 감정을 안으며 이 단가를 읊었다.

구보는 생활을 가진 사람들이 자신이 돌아갈 곳이 있는 것을 부러워하면서 한편으로는 구보 자신이 아직 이렇다 할 일을 갖고 있지도 또한 책임을 져야 할 가족이 있지 않아 자유를 누릴 수 있는 것에 대해 다행스럽게 생각하면서도 혼자 도시를 배회해야 할 현실이 씁쓸한 장면이다.

박태원이 타쿠보쿠의 많은 단가 중, 이 소설의 이 장면의 상황과 꼭 맞는 작품을 선택하여 활용하고 있는 것으로 보아 타쿠보쿠 작품의 애독가였던 것을 알 수 있다. 본인의 소설에 타쿠보쿠의 이름과 작품을 등장시킬 정도로 그것도 독자로 하여금 주인공 구보와 타쿠보쿠를 혼돈하게 만들 정도로 그에 관심이 많았던 것을 알 수 있다.

김윤식은 '한국 소설에 일본인이 등장하는 것을 해방 전까지의 작품에서 찾는다는 것은 너무나 많으므로 일일이 검토한다는 사실 자체가 소설 거의 전부를 읽는 결과에 이르고 말 것이다'라고 했다. 그러나 "소설가 구보씨의 일일"의 경우는 일본인이 등장하는 작품 중 실제 일본 문인들을 다루었다는 점과 모더니즘의 기교의 하나인 요소로 활용시켰다는 면에서 특별한 경우라고 할 수 있다. ("한국근대문한과 이시카와 타쿠보쿠 -박태원 소설 속에 나오는 타쿠보쿠-" 2009년 11월 발표)

한류총서를 발간하며

한류가 어떤 가치와 표현을 지향하는지를 묻는 이가 있다면 우리는 백남준의 미디어아트 「다다익선」(1988)을 상기시키고 싶다. 이 작품은 한국의 개천절을 상징하는 1003개의 텔레비전과 모니터들을 쌓아 올려 한국의 전통 건축물인 13층 나선형 불탑 모양으로 조형한 영상탑이다. 백남준의 예술생애에서 가장 웅장한 작품이라고 할 만한 높이 18.5m에 이르는 「다다익선」은 서울올림픽 개막 이틀 전인 1988년 9월 15일 처음 공개되었다. 벌써 35년 전에 제작된 노후한 작품이기에 2003년 낡은 텔레비전 모니터를 삼성전자 제품으로 전면 교체하는 수술을 받았고, 2018년에는 누전 상태로 폭발 위험까지 있다는 한국전기안전공사의 검진 결과로 인해 3년간의 대수술을 받았다. 중고 모니터와 부품을 수거하여 이미 단종된 737대의 모니터를 수리하고 교체하였으며, 손상이 많은 브라운관 266대는 새로운 평면 디스플레이(LCD) 투사 방식의 제품으로 교체하였다. 과열을 방지하는 냉각설비를 갖추고 「다다익선」에서 상영되는 8개 영상들은 디지털방식으로 변환해 복구하였다.

2022년 「다다익선」 재가동을 기념한 퍼포먼스 현장에서는 백의민족을 상징하는 흰옷을 입은 춤꾼들이 영상탑을 휘돌며 탑돌이 퍼포먼스를 했다. 한국의 전통 건축물과 동서양의 건축과 사람들이 출몰하는 영상들은 탑의 형상을 한 모니터 안에서 제각기 흩어지다 모이는 듯 어우러지며, 신성한 문자나 색색의 도형들이 우주의 심연으로 스며드는 듯한 신비감을 연출한다. 마치 우주와 인간, 정신과 물질의 모든 측면을 음양오행으로 압축하여 생각하고 느끼는 한국인의 정서가 크고 작은 첨단의 큐브형 조형물에서 스며 나오는 듯하니 놀라운 일이다.

「다다익선」은 국수 한 그릇도 자연원리를 함축한 음양오행에 따라 오색고명을 올리는 한국인의 감각을 전달한다. 텔레비전 브라운관이 다섯 가지 기본색의 색점으로 모든 것을 조합해 표현하듯, 한국인들은 보자기의 배색과 형태 분할에도 몬드리안의 추상화의 기법을 숨겨 놓았다. 사람에게 체질이 있듯 형태와 방위와 시간에도 특질과 빛깔이 있다. 한국인은 동쪽의 청색, 남쪽의 적색, 서쪽의 백색, 북쪽의 흑색, 중앙의 황색 등 5가지 근본색을 오방색으로 규정했다. 삶의 모든 아름다움을 표현하기 위해 치자, 쪽물, 소목 등 자연의 모든 것을 활용해 간색을 만들어 내기도 했다. 화려하고 웅장한 궁궐 단청에도, 자그만 노리개 하나에도 올망졸망 오색이 어우러진 정교한 프랙털(fractal)의 색채 감각을 즐겨 사용하였다. 한국인들은 그 어떤 음식을 만들건 누구의 집을 짓건, 세상의 이치가 녹아 있는 오방색을 프랙털의 원리처럼 사용했다. 큰 것 밖에는 무한히 더 큰 것이 가능함을 알기에 오만함을 경계했다. 작은 것 안에는 더 작은 것이 포개져 있음을 알기에 연민을 갸륵하게 여겼다. 한국인들의 문화와 예술에서 색깔은 단순한 빛깔이 아니라 더 깊은 의미를 담고 있다. 그것은 방위와 계절을 함축하고 나아가 종교적이며 우주적인 철학을 담고 있기도 해서, 한국인들은 오방색을 예술가의 미의식과 용도와 분수에 맞게 사용하였다.

아이에게 입히는 배냇저고리 하나에도 의미를 입히는 한국인의 심성과 문화를 아는 이들이라면, 〈오징어 게임〉에서 가장 먼저 확 눈에 뜨이는 색채의 프랙털을 놓치지는 않았을 것이다. 그것이 대량생산된 복제품들을 '다다익선'마냥 쏟아내는 자본주의에 대한 비판이나 빈자들의 이야기가 아님도 살폈을 것이다. 감시인의 붉은 복장이 왜 벽사의 빛깔인지, 왜 빈자들의 추리닝은 황색과 청색의 간색인 초록이어야 하는지도 눈치챘을 것이다. 한국인에게 예술은 곧 사람이고, 사람은 천지를 환히 보여 주는 텔레비전이고 희로애락에 감응하는 신령한 매질이었다. 인간이 하늘이고 하늘은 지상에 포개져 있었다. 마치 백남준이 영상탑으로 감추는 듯 드러내던 인내천(人乃天)의 심의처럼 말이다

'한류총서' 1차로 발간되는 몇 권의 책들은, 저자마다 각기 다른 장르 영역에서 한류의 현황을 점검하고 한국인들에게는 자연스러운 표현과 이야기들이 왜 '한류'라고 불리고 한국적인 것이라고 느껴지는지, 도대체 한류는 무엇인가를 질문하듯 탐색해 가고 있다. 시대가 필요로 하는 인문학의 가장 소중한 동반자가 되어 온 젊은 출판사 역락의 '한류총서'가 독자에게 행복하게 다가갈 수 있기를 소망한다.

기획위원

오형엽(한국문학평론가협회 회장, 문학평론가, 고려대학교 교수)

허혜정(문화평론가, 콘텐츠 기획자, 숭실사이버대학교 교수)

이공희(영화감독, 아시아인스티튜트 미디어아트센터장)